"十四五"国家重点出版物出版规划项目

中国生态博物丛书

CHINESE ECOLOGY SERIES

管开云 总主编

Northwest China Temperate Desert Zone

西北温带荒漠卷

王喜勇 管开云 主 编

北京出版集团
北京出版社

何　俊（中国科学院武汉植物园）

何兴元（中国科学院沈阳应用生态研究所）

李清霞（北京出版集团有限责任公司）

李文军（中国科学院新疆生态与地理研究所）

李新正（中国科学院海洋研究所）

连喜平（中国科学院南海海洋研究所）

刘贵华（中国科学院武汉植物园）

刘　可（北京出版集团有限责任公司）

刘　演（广西壮族自治区·中国科学院广西植物研究所）

牛　洋（中国科学院昆明植物研究所）

上官法智（云南一木生态文化传播有限公司）

隋吉星（中国科学院海洋研究所）

谭烨辉（中国科学院南海海洋研究所）

王喜勇（中国科学院新疆生态与地理研究所）

王英伟（中国科学院植物研究所）

吴金清（中国科学院武汉植物园）

吴玉虎（中国科学院西北高原生物研究所）

邢小宇（秦岭国家植物园）

许智宏（联合国教科文组织人与生物圈计划中国国家委员会）

杨　梅（中国科学院昆明植物研究所）

杨　扬（中国科学院昆明植物研究所）

张先锋（中国科学院水生生物研究所）

周岐海（广西师范大学）

周义峰（江苏省·中国科学院植物研究所）

朱建国（中国科学院昆明动物研究所）

朱　琳（秦岭国家植物园）

朱仁斌（中国科学院西双版纳热带植物园）

中国生态博物丛书　西北温带荒漠卷

主 编

王喜勇（中国科学院新疆生态与地理研究所）

管开云（中国科学院新疆生态与地理研究所）

副主编

曹秋梅（中国科学院新疆生态与地理研究所）

梅　宇（中国科学院新疆生态与地理研究所）

赵利清（内蒙古大学）

编 委

（按姓氏音序排列）

阿不都拉·阿巴斯（新疆大学）

曹秋梅（中国科学院新疆生态与地理研究所）

范书财（中国科学院新疆生态与地理研究所）

管开云（中国科学院新疆生态与地理研究所）

李文军（中国科学院新疆生态与地理研究所）

刘会良（中国科学院新疆生态与地理研究所）

刘先民（吐鲁番高昌区林业和草原局）

刘忠军（新疆维吾尔自治区林业与草原局）

罗朝辉（中国科学院新疆生态与地理研究所）

买买提明·苏来曼（新疆大学）

梅　宇（中国科学院新疆生态与地理研究所）

师　玮（中国科学院新疆生态与地理研究所）

王喜勇（中国科学院新疆生态与地理研究所）

王建成（中国科学院新疆生态与地理研究所）

夏　咏（新疆环境保护科学研究院）

徐　峰（中国科学院新疆生态与地理研究所）

张　鑫（中国科学院新疆生态与地理研究所）

赵利清（内蒙古大学）

朱家俊（新疆天山西部国有林管理局）

摄　影

（按姓氏音序排列）

阿不都拉·阿巴斯	安　静	敖永梅	曹秋梅	曹绪钰	陈　丽
陈文杰	戴宇晨	丁　龙	丁　鹏	段士民	范书财	高云江
龚　策	苟　军	关学丽	管开云	郭　宏	候翼国	胡岩松
蒋可威	康正忠	李边江	李　军	李世忠	李文军	李香仁
梁　勇	林宣龙	刘会良	刘建民	刘晓建	刘哲青	罗朝辉
吕斌昭	买买提明·苏来曼	梅　宇	秦　桦	秦云峰	邱　娟
权　毅	热扎克·艾山	苏志豪	田少宣	王传波	王光争
王剑利	王　瑞	王喜勇	王尧天	王　勇	王志芳	文志敏
夏　咏	邢　超	邢　睿	徐　峰	徐　捷	徐康平	徐文轩
晏海军	杨飞飞	杨　军	杨庭松	张国强	张　鑫	曾　源
赵　勃	赵利清	朱家俊			

主编简介

管开云，理学博士、研究员、博士生导师，花卉资源学家、保护生物学专家、国际知名的秋海棠和茶花研究专家。现任中国科学院新疆生态与地理研究所伊犁植物园主任、新疆自然博物馆馆长、国际茶花协会主席、中国环境保护协会生物多样性委员会副理事长、中国植物学会植物园分会副理事长、全国首席科学传播专家等职。主要从事植物分类学、植物引种驯化和保护生物学研究。发表植物新种14个，注册植物新品种30个，获国家发明专利10项，发表论文200余篇，出版论（译）著24部。获全国环境科技先进工作者、全国环保科普创新奖和全国科普先进工作者等荣誉和表彰，享受国务院特殊津贴。

王喜勇，草学专业博士、副高，现任中科院吐鲁番沙漠植物园副主任。就职于中国科学院新疆生态与地理研究所，主要从事植物资源的引种驯化和保护生物学研究工作。主持及参与完成国家、中国科学院和省级等项目20余项，在项目中主要承担野外植被调查和物种分类鉴定等工作，对西北荒漠区及新疆山地植物资源有着较深的认识和了解。以第一作者或合作者在国内外学术期刊发表论文20余篇，第一完成人获国家发明专利2项。主编或参编专著6部，获自治区科技进步奖一等奖1项。

党的十八大以来，以习近平生态文明思想为根本遵循和行动指南，我国生态文明建设从认识到实践已发生了历史性的转折和全局性的变化，全党全国推动绿色发展的自觉性和主动性显著增强，美丽中国建设迈出重大步伐。

"中国生态博物丛书"就是在这个大背景下着手策划的，本套书通过千万余字、数万张精美图片生动展示了在辽阔的中国境内的各种生态环境和丰富的野生动植物资源，全景展现了党的十八大以来，中国生态环境保护取得的伟大成就，绘就了一幅美丽中国"绿水青山"的壮阔画卷！

习近平主席在2020年9月30日联合国生物多样性峰会上的讲话中说："我们要站在对人类文明负责的高度，尊重自然、顺应自然、保护自然，探索人与自然和谐共生之路，促进经济发展与生态保护协调统一，共建繁荣、清洁、美丽的世界。"又说："中国坚持山水林田湖草生命共同体，协同推进生物多样性治理。"[1]这些论述深刻阐释了推进生态文明建设的重大意义，生态文明建设是经济持续健康发展的关键保障，是民意所在、民心所向。

组成地球生物圈的所有生物（动物、植物、微生物）与其环境（土壤、水、气候等）组合在一起，形成彼此相互依存、相互制约，且通过能量循环和物质交换构成的一个完整的物质能量运动系统，这便是我们一切生物赖以生存的生态系统。人类生存的地球是一个以各种生态类型组成的绚丽多姿、生机勃勃的生物世界。从赤日炎炎的热带雨林到冰封万里的极地苔原，从延绵起伏的群山峻岭、高山峡谷到茫茫无际的江河湖海，到处都有绿色植物和藏匿于其中的动物的踪迹，还有大量的真

---

[1] 《习近平在联合国生物多样性峰会上的讲话》，新华网，2020年9月30日。

菌和细菌等微生物。生存在各类生态环境中的绿色植物、动物和大量的微生物，为地球上的生命提供了充足的氧气和食物，从而使得人类社会能持续发展到今天，创造出高度的文明和科学技术。但是，自工业革命以来，随着全球人口的迅速增长和生产力的发展，人类过度地开发利用天然资源，导致森林面积不断减少，大气、土壤、江湖和海洋污染日趋严重，生态环境加速恶化，生物多样性在各个层次上均在不断减少，自然生态平衡受到了猛烈的冲击和破坏。因此，保护生态环境、保护生物多样性也就是保护我们人类赖以生存的家园。

生态环境保护就是研究和防止由于人类生活、生产建设活动使自然环境恶化，进而寻求控制、治理和消除各类因素对环境的污染和破坏，并努力改善环境、美化环境、保护环境，使它更好地适应人类生活和工作需要。换句话说，生态环境保护就是运用生态学和环境科学的理论和方法，在更好地合理利用自然资源的同时，深入认识环境破坏的根源及危害，有计划地保护环境，预防环境质量恶化，控制环境污染，促进人与自然的协调发展，提高人类生活质量，保护人类健康，造福子孙后代。

我国位于地球上最辽阔的欧亚大陆的东部，幅员辽阔，东自太平洋西岸，西北深处欧亚大陆的腹地，西南与欧亚次大陆接壤。由于我国地域广阔，有多样的气候类型和各种的地貌类型，南北跨热带、亚热带、暖温带、温带和寒温带，自然条件多样复杂，所形成的生态系统类型异常丰富。从森林、草原到荒漠，以及从热带雨林到寒温带针叶林，应有尽有，加上西南部又拥有地球上最高的青藏高原的隆起，形成了世界上独一无二的大面积高寒植被。此外，我国还有辽阔的海洋和各种海洋生物所组成的海洋生态系统。可以讲，除典型的赤道热带雨林外，地球上大多数植被类型均可在中国的国土上找到，这是其他国家所不能比拟的。所有这些，都为各种生物种类的形成和繁衍提供了各类生境，使中国成为全球生态类型和生物多样性最为丰富的国家之一。

然而，在以往出版的图书中，尚未见到一套全面系统地介绍中国各种生态类型的生态环境，以及相应环境中各类生物物种的大型综合性图书。

"中国生态博物丛书"以中国生态系统为主线，围绕中国主要植被类型，结合各种生态景观对我国主要植被生态类型，以及构成这些生态系统的植物（包括藻类）、动物和微生物进行全面系统的介绍。在对某个物种进行介绍时，对所介绍的物种在该地理区域的生态位、生态功能、物种之间的相互依存和竞争关系、生态价值和经济价值进行科学、较全面和生动的介绍。读者可以通过本丛书，学习和了解中国主要植被类型、生态景观和生物物种多样性等方面的相关知识。本套丛书共分21卷，由国内30多家科研单位和大学数百位科学工作者共同编著完成。本书的编写出版填补了中国图书，特别是高级科普图书在这一领域的空白。

本套丛书图文并茂、科学内容准确、语言生动有趣、图片精美少见，是各级党政领导干部、公务员，从事生态学、植物学、动物学、保护生物学和园艺学等专业的科技工作者，大、中学校教师和学生及普通民众难得的一套好书。在此，谨对该丛书的出版表示祝贺，也对参与该丛书编写的科研机构的科学工作者和高校老师表示感谢。我相信，该丛书的出版将有助于提高中国公民的科学素养和环保意识，也有助于提升各级领导干部在相关领域的科学决策能力，为中国生态文明和美丽中国建设做出贡献，也为中国生态环境研究和保护提供各种有价值的信息，以及难得的精神食粮。

人不负青山，青山定不负人。生态文明建设是关系中华民族永续发展的千年大计，要像保护眼睛一样保护自然和生态环境，为建设人与自然和谐共生的现代化注入源源不竭的动力。期待本套丛书能为建成"青山常在、绿水长流、空气常新"的"美丽中国"贡献一份力量！

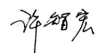

许智宏
中国科学院院士
北京大学生命科学学院教授
北京大学原校长
中国科学院原副院长
联合国教科文组织人与生物圈计划中国国家委员会主席

2020年11月

　　荒漠区是指气候干燥、降水极少、蒸发强烈、植被稀疏、物理风化强烈、风力作用强劲的地区。根据地理学上的定义，荒漠是"降水稀少，植物很稀疏，因此限制人类活动的干旱区"。生态学上将荒漠定义为"由旱生、强旱生低矮木本植物，包括半乔木、灌木、半灌木和小半灌木为主组成的稀疏不郁闭的群落"。荒漠以其生物数量稀少而著称，但是实际上荒漠地区的生物多样性是很丰富的。

　　中国荒漠区主要在西北，包括贺兰山以西的内蒙古和宁夏西部、甘肃和新疆的大部分地区。中国西北内陆远离海洋，境内分布着超过192万平方千米的荒漠，约占我国陆地国土面积的1/5以上。主要包括新疆准噶尔、塔里木与东疆盆地、青海柴达木盆地、甘肃河西走廊与内蒙古西部的阿拉善高原等区域。西北荒漠区处在西伯利亚高压气团以及大陆性干燥气团控制下的中纬度地带，属于内陆盆地与低山生境，为典型大陆性气候，干旱少雨，日照强烈，绝大多数地区年均降水量低于250 mm，昼夜温差大，气温变化剧烈，水热分布极不平衡。

　　西北荒漠植物大多起源古老，地理构成成分复杂，其植物区系具有不同于其他陆地生态系统的独特性。因而以荒漠生态系统为主的中国温带荒漠区蕴藏着大量珍稀物种和珍贵的野生动植物基因资源。荒漠地区的植物种类相对贫乏，有1000余种，它们在极端环境下生存，经过长期进化而演变出独特的结构和形态。正是这些荒漠植物以独特而顽强的生命，与极端恶劣的自然条件抗争，才绽放出斑斓缤纷的色彩，装点着荒芜的大地，维系着脆弱的荒漠生态系统。它们多是以超旱生的半乔木、灌木、半灌木等植物占优势的稀疏植被，这些适应特殊荒漠生境的荒漠植物，给荒漠带来绿色，养育荒漠动物，维持着荒漠生态系统能量与物质的循环过程，是荒漠生态系统中的核心，具有极其重要的科学研究价值、生态价值和经济价值。

本卷主要以中国西北地区内蒙古至新疆温带（新疆准噶尔盆地、塔里木盆地与东疆盆地、内蒙古西部的阿拉善高原等区域）生态系统为主线，按不同荒漠组成选取岩漠、砾漠、沙漠、盐漠4种作为最主要、最典型的荒漠类型，从中选取了342种中国西北荒漠地区具有代表性常见的建群种、优势种，以及珍稀濒危、特有、国家重点保护、具有重要潜在经济价值的荒漠动植物及微生物进行了重点阐述，其中：动物包括哺乳类13种、鸟类46种、两栖爬行类11种、蝴蝶类10种，植物包括维管植物237种、地衣10种、苔藓10种、菌类5种，另外本书对西北温带荒漠区的主要植被生态类型与构成生态系统的生态景观、功能和资源特点等，进行了系统的介绍。本书集专业性、科普性、实用性于一体，希望读者可以通过本书了解学习到中国西北温带荒漠区主要植被类型、生态景观和生物物种多样性等方面的相关知识，为公民科学素养的提升、公民环保意识的变化提高，为荒漠区生物多样性保护以及生态文明建设做出贡献。

本书由中国科学院新疆生态与地理研究所、新疆大学、新疆农业大学、内蒙古大学等多个高校和科研院所的多位学者共同完成，其中真菌和苔藓部分由新疆大学买买提明·苏来曼教授完成；地衣部分由新疆大学阿不都拉·阿巴斯教授完成；维管植物部分由中国科学院新疆生态与地理研究所王喜勇博士、管开云研究员、李文军研究员、曹秋梅博士、刘会良研究员和内蒙古大学的赵利清教授等共同完成，脊椎动物由中国科学院新疆生态与地理研究所梅宇博士协调完成；昆虫部分由中国科学院新疆生态与地理研究所张鑫博士和罗朝辉博士共同完成。本书还得到了中国科学院新疆生态与地理研究所潘伯荣研究员、尹林克研究员、段士民研究员、冯缨研究员、马鸣研究员、杨维康研究员、张道远研究员、买尔旦·吐尔干博士、康晓珊博士、闻志彬副研究员、徐文轩博士、尹本丰博士，新疆农业大学魏岩教授、邱娟博士，中国科学院大学人文学院考古学与人类学系的蒋洪恩教授，新疆师范大学苏志豪副教授等老师的大力支持与帮助。本书图片来源于长期在西北荒漠一线工作的多位科研人员和广大爱好者，在此衷心感谢！

在野外考察和资料整理过程中，本书得到了第三次新疆综合科学考察项目（2022xjkk0801、2021xjkk0500、2022xjkk1505），新疆维吾尔自治区天山英才青年科技选拔人才项目（2022TSYCCX0088）、中国科学院战略生物资源能力建设项目

（KFJ-BRP-017、KFJ-BRP-007-008），以及新疆抗逆植物基因资源保育与利用重点实验室的资助。本书涉及物种类群较多，鉴于编者的知识水平有限，错误和遗漏之处在所难免，欢迎读者批评指正。

衷心感谢北京出版集团将本书列入重点出版规划，为本书的编辑出版提供各种便利和指导，感谢李清霞女士、刘可先生、杨晓瑞女士等人的热情付出和帮助！

王喜勇　　管开云

于乌鲁木齐

2024年1月

第一章　概述

第二章　中国西北温带主要荒漠区

第三章　岩漠及常见物种

第四章　砾漠及常见物种

第五章　沙漠及常见物种

第六章　盐漠及常见物种

第一章

概述

Chapter One

荒漠同草原、冻原等一样是一个复杂的概念，其本身就是建立在地理条件基础上的生物地理群落的统称。对于荒漠，干旱性是决定其生物生存状况的决定性因素，它造就了地质条件、地球化学环境和土壤形成的独特性，对植被产生了固定而深刻的影响。荒漠植被是指地球上旱生性最强的一组植物群落类型总称，主要分布于干旱气候区内，具有明显的地带性特征。荒漠植物多为旱生植物或超旱生植物，以矮化的木本、半木本或肉质植物为主，形成稀疏的植物群落。形成和保存了一系列特别适应荒漠环境和具有特殊经济价值的植物种类，它们大多数能忍受极度干旱的大陆性荒漠气候的高含盐量土壤，是具有多种旱生、超旱生、潜水旱生的生态类群，具备了特殊的生活型，分别适应于各种不同的基质。

按基质条件将荒漠划分为岩漠（石质荒漠）、砾漠、沙漠和盐漠。干燥剥蚀基岩为岩漠，又称石漠；山前洪积扇、洪积平原多砾石，为砾漠，又称戈壁；地面完全被沙所覆盖，为沙漠；龟裂土、盐土平原分别形成泥漠与盐漠，统称为盐漠。组成物质的差异，形成了不同的地貌景观。荒漠地区从山地到山前平原，地貌呈有规律的分布：山前剥蚀岩漠（石质荒漠）—洪积扇、洪积平原砾漠带—风积沙漠带—干盐湖或盐湖盐漠带。

新疆阿拉山口岩漠（石质荒漠）

$$\frac{1\ 2}{3}$$

1. 哈密砾漠上的白皮锦鸡儿灌丛

2. 阿拉善沙漠

3. 白雪皑皑的盐碱荒漠

一、荒漠的自然概况

  中国的荒漠区超过192万平方千米，占国土面积1/5以上，大部分属于温带典型荒漠。中国荒漠区主要分布在内蒙古鄂尔多斯至新疆的温带荒漠带，北纬36°以北，东经108°以西，包括两个亚区：西部荒漠区（位于中亚细亚西部）和东部荒漠区（位于亚洲中部）。西部荒漠区位于新疆准噶尔盆地范围，南到天山北麓为界，东到古尔班通古特沙漠东缘，北抵准噶尔盆地以西的塔尔巴哈台山及阿尔泰山南麓山地；东部荒漠区主要包括新疆天山南麓以南的南疆（塔里木盆地）、东疆、甘肃河西走廊、北山戈

库本库里沙漠中的藏野驴

壁与甘肃、宁夏、内蒙古之间的阿拉善高原和青海的柴达木盆地，南界为昆仑山与黄土高原的北缘，东界在内蒙古鄂尔多斯台地的西部。

西北温带荒漠区深居欧亚内陆，其气候主要表现为：日照充足、辐射能量高、气温高、降水稀少、气候干燥、风大沙多、风能资源丰富、冷热剧变和水热不同期等特征。年降水量除东部边缘和部分山地荒漠为200 mm左右外，80%以上的荒漠地区均少于100 mm，阿拉善西部至塔里木盆地大部分荒漠带则在50 mm以下，吐鲁番盆地的降雨量不到16 mm，部分地区甚至终年无雨，生物多样性贫乏。该地荒漠植被种类单一且稀疏、生物生产量低，食物链结构简单且脆弱，为全球陆地生态系统中最为脆弱的生态系统之一。

独特的气候决定了荒漠生态系统是中国温带荒漠区极具代表性的生态系统，既有塔克拉玛干沙漠、库姆塔格沙漠、古尔班通古特沙漠、巴丹吉林沙漠、腾格里沙漠、乌兰布和沙漠等连绵起伏、一望无垠的浩瀚沙质荒漠；又有哈顺戈壁、北山戈壁、将军戈壁、诺敏戈壁等一望无际、毫无生机的茫茫砾质荒漠；还有阿拉善高原、准噶尔盆地、塔里木盆地周缘姿态万千、怪石嶙峋、色彩斑斓的低山带石质荒漠（岩漠）；更有呈斑块状分布在西北各大盆地（塔里木盆地、准噶尔盆地、柴达木盆地）的湖盆、河床、低地等如雪般的皑皑盐碱荒漠（盐漠），秋天分布在各地无数斑块上的盐碱植物变得全体通红，犹如一颗颗红玛瑙般撒在浩瀚无垠的西北荒漠上。

$$\frac{1}{2 \ 3}$$

1. 色彩斑斓的准噶尔雅丹地貌

2. 秋后盐碱荒漠上的盐角草群系

3. 将军戈壁

浩瀚无垠的沙漠

二、动植物资源

以荒漠生态系统为主的中国温带荒漠区蕴藏着大量珍稀物种和珍贵的野生动植物资源，具有不同于其他陆地生态系统的生态结构和生态功能。

（一）植物资源

中国温带荒漠区地处中亚、西伯利亚、蒙古、青藏的交汇部，境内自然地理条件在历史上几经变迁，为各类植物区系成分的交汇、融合和特化提供了有利条件，使其区系特征具有十分明显的特殊性。许多物种属于古地中海成分，地理构成成分复杂，特有成分多且珍稀濒危植物种类也相对较多。荒漠植物是维持温带荒漠生态系统稳定的关键，其种类相对贫乏，有1000余种，多为以旱生、超旱生的小乔木、灌木、半灌木植物为建群种的稀疏植被。

分布在西北温带荒漠中的植物，特别是生长在岩漠（石质荒漠）、砾漠（砾质荒

准噶尔盆地古尔班通古特沙漠的低矮荒漠植被

漠）、沙漠及盐漠（盐碱荒漠）中的众多植物，在极端干旱环境下生存，经过长期进化而演变出独特的结构与形态。荒漠植物为了保水或取水、减少水分蒸腾、降低强光灼伤、抵御寒冷、抵抗强风及荒漠动物的啃食等，逐渐进化出与环境相适应的众多形态和生理特征。

绝大多数荒漠植物，植株相对矮小，如小蓬（*Nanophyton erinaceum*）、红砂（*Reaumuria soongarica*）等；根系发达、扎土深，如梭梭（*Haloxylon ammodendron*）、多枝柽柳（*Tamarix ramosissima*）、骆驼刺（*Alhagi sparsifolia*）等；植物根系具保水的沙套，沙漠里许多禾本科植物，如羽毛三芒草（*Aristida pennata*）、大赖草（*Leymus racemosus*）等；茎肉质化，或呈同化枝状代替叶进行光合作用，如沙拐枣属（*Calligonum* spp.）、梭梭属（*Haloxylon* spp.）、河西菊（*Launaea polydichotoma*）等；叶片肉质化，如假木贼属（*Anabasis* spp.）、猪毛菜属（*Salsola* spp.）、碱蓬属（*Suaeda* spp.）等大部分藜科植物，以及瓣鳞花科的瓣鳞花（*Farankenia pulverulenta*）、蒺藜科的四合木（*Tetraena mongolica*）、霸王属（*Sarcozygium* spp.），菊科的黑沙蒿（*Artemisia ordosica*）、花花柴（*Karelinia caspia*）、盐地风毛菊（*Saussurea salsa*）等；被密毛，如驼绒藜（*Ceratoides latens*）、木地肤（*Kochia prostrata*）、绵刺（*Potaninia mongolica*）、豆科的黄耆属（*Astragalus* spp.）、棘豆属（*Oxytropis* spp.）等；表皮蜡质化，如沙冬青（*Ammopiptanthus mongolicus*）、沙枣（*Elaeagnus angustifolia*）、沙棘（*Hippophae rhamnoides*）等；叶变小退化成棒状，如裸果木（*Gymnocarpos przewalskii*）、合头草（*Sympegma regelii*）、戈壁藜（*Iljinia regelii*）等，或鳞片状，如柽柳属（*Tamarix* spp.）、红砂（*Reaumuria* spp.）等；具刺或叶轴退化呈刺状，如锦鸡儿属（*Caragana* spp.）、铃铛刺（*Halimodendron halodendron*）、鹰爪柴（*Convolvulus gortschakovii*）、刺木蓼（*Atraphaxis spinosa*）等。

此外，在西北荒漠区的湖盆、河道边缘，呈斑块状分布着盐碱荒漠，生长有多种盐生植物。它们有的茎叶肉质化多汁，能够将盐分存储在薄壁细胞溶腔中，避免土壤盐分的伤害，此类藜科植物居多，如盐爪爪属（*Kalidium* spp.）、盐节木（*Halocnemum strobilaceum*）、盐穗木（*Halostachys caspica*）、盐角草（*Salicornia europaea*）、碱蓬属（*Suaeda* spp.）、盐生草（*Halogeton glomeratus*）等；有的茎叶具有发达的盐腺，可将盐分分泌出体外，从而降低或躲避土壤盐分的伤害，使之适应盐碱环境的生长，比如柽柳科的柽柳属（*Tamarix* spp.）、禾本科的小獐毛（*Aeluropus pungens*）等植物。

还有一类特殊地表生物，由微细菌、真菌、藻类、地衣、苔藓等隐花植物及其菌丝、分泌物等与土壤沙砾黏结形成的复合物叫生物结皮（biological soil crusts），又称生物土壤结皮、土壤微生物结皮等。由于水分限制，荒漠区难以形成大面积连续分布的维管束植物，生物土壤结皮与维管植物镶嵌分布，成为干旱、半干旱区重要的地表覆盖类型。作为荒漠地表主要覆被类型和干旱、半干旱沙漠最具有特色的生物景观之一，生物结皮是干旱、半干旱区重要的地表覆盖类型（40%以上），被称为"沙漠地毯"，对沙漠的固定、土壤表面的物理化学生物学特性、土壤抗风蚀水蚀等方面具有重要意义。同时，以苔藓地衣为主要组成部分的生物结皮也是沙漠植被演替的先锋种，固定了全球1/4的生物氮，对促进沙漠及岩石地表生物地球化学循环过程和植被演化具有重要作用，因此，也被誉为地球的"活皮肤"。上述这些适应特殊荒漠生境的荒漠植物，维持着荒漠生态系统能量与物质的循环过程，又防风蚀、流沙和荒漠化，是荒漠生态系统中的核心，具有极其重要的科学研究价值、生态价值和经济价值。

细穗怪柳的鳞状叶片

肉质多汁的碱蓬

以毛尖紫萼藓为主的生物结皮

（二）动物资源

准噶尔盆地、塔里木盆地、柴达木盆地、河西走廊荒漠区、阿拉善高原等地，夏季炎热、冬季严寒、干旱少雨，分布有广阔的荒漠与荒漠草原，有多种旱生和盐生植被，孕育了典型的荒漠动物类群。哺乳类、鸟类、两栖爬行类、昆虫类等荒漠动物广泛分布，并在局部地区形成优势种及特有种，代表物种有塔里木兔（*Lepus yarkandensis*）、五趾跳鼠（*Orientallactaga sibirica*）、大沙鼠（*Rhombomys opimus*）、双峰驼（*Camelus ferus*）、鹅喉羚（*Gazella subgutturosa*）、野马（*Equus ferus*）、蒙古野驴（*E. hemionus*）、沙狐（*Vulpes corsac*）、虎鼬（*Vormela peregusna*）、大石鸡（*Alectoris*

magna Prjevalsky）、波斑鸨（*Chlamydotis macqueenii*）、黄喉蜂虎（*Merops apiaster*）、猎隼（*Falco cherrug*）、贺兰山岩鹨（*Prunella koslowi*）、蒙古沙雀（*Bucanetes mongolicus*）、四爪陆龟（*Testudo horsfieldii*）、吐鲁番沙虎（*Teratoscincus roborowskii*）、大耳沙蜥（*Phrynocephalus mystaceus*）、东方沙蟒（*Eryx tataricus*）、塔里木蟾蜍（*Bufotes pewzowi*）、富丽灰蝶（*Cigaritis epargyros*）和曩和绢蝶（*Parnassius apollonius*）等。这些动物适应极端干旱和植被稀少的自然条件，形成了特殊的生理生态适应系统。

沙狐

五趾跳鼠

黄喉蜂虎

大耳沙蜥

三、生物入侵与生态安全

生物入侵是指生物由原生存地经自然或人为的途径传入到另一个新环境，对入侵地的生物多样性、农林牧渔业生产以及人类健康造成损失或生态灾难的过程。生物入侵、全球气候变化和动植物生境丧失已经成为全球三大环境问题。世界范围内的很多生态系统由于外来生物入侵而受到严重的破坏，包括生物种群和群落结构的改变、大尺度生态系统过程的改变和生物多样性的丧失等，并造成全球范围内诸多物种的灭绝。中国是一个农业大国，生产性人口规模巨大，高强度的生产和经济活动给外来种的传入和散布创造了有利条件。同时，中国又是一个生物多样性大国，因其气候、生态系统类型的多样性，外来种很容易在我国领土上长期生长繁殖。

《2020中国生态环境状况公报》显示，全国已发现660多种外来入侵物种。西北荒漠区大部分处在中国西北边缘，生态环境脆弱，位于生物入侵的前沿阵地。新疆受其威胁尤为严重，新增农林外来入侵生物超过80种，已成为国内外来入侵生物数量最多地区之一。

黄花刺茄（*Solanum rostratum*）：占山为王的"土匪"。别名刺萼龙葵，以其鲜艳美丽的黄色花朵和满身的刺而得名。原产墨西哥北部和美国西南部，1982年，国内首次发现。黄花刺茄果实中的神经毒素茄碱在"祸害"植物的同时，还不放过动物，果实中的神经毒素茄碱会使牲畜中毒，甚至死亡。

刺苍耳（*Xanthium spinosum*）是世界上广泛蔓延的一种恶性杂草，原产地在南美洲，在欧洲中、南部，亚洲和北美归化，果实具钩刺，常随人和动物传播，或混在作物种子中散布。刺苍耳与动物皮毛、作物种子、农产品等商品一起在全球四处扩散，自1974年在北京市丰台区发现至今，已遍布我国北方各省区，尤其是入侵新疆后，迅速侵占北疆各地低山带生长于干旱山坡草场或沙质荒地及绿洲农区，常形成大面积的纯刺苍耳群落，给牧业和农业带来了严重危害。

同样，意大利苍耳（*Xanthium italicum*）原产地为北美和南欧，包括加拿大南部、美国、墨西哥、澳大利亚和地中海地区，乌克兰也有分布。20世纪90年代初首次在新疆伊犁发现，随后迅速侵占新疆南北疆，乃至西北各省区的农区、沙砾质山丘、荒地、河漫滩，在干扰严重的地区常成片分布。与农作物和牧草争夺生存空间，从而使这些作物受到损害，意大利苍耳8%的覆盖率能使农作物减产达到60%，此外，意大利苍耳具刺的果实黏附在羊毛上，也较难清除，能显著减少羊毛产量。且其幼苗有毒，牲畜

黄花刺茄

刺苍耳

意大利苍耳

误食会造成中毒，因而给农业和牧业带来极大的危害。

家八哥（*Acridotheres tristis*）：由中亚吉尔吉斯斯坦、哈萨克斯坦南北两路进入新疆克孜勒苏柯尔克孜自治州与伊犁，扩张速度很快，经历了越境、定居、繁殖、建群、扩散等一系列过程，目前北疆东扩至石河子一带、北扩达塔城地区，成为当地的留鸟或繁殖鸟，挤占了土著鸟类的生存空间。

德国小蠊（*Blattella germanica*）：外号称"打不死的小强"，别名德国蟑螂。最早起源于高温、高湿的非洲，分泌物可使食物变质，导致人类中毒，它还会咬食和破坏食品、纸张、文物、电子设备等。同时携带多种致病菌和病毒，严重影响着人类居住环境和生活质量。

四、西北荒漠区绿色产业

西北地区是中国荒漠化、沙化土地分布最广的地区。西部大开发的20年，也是西北地区生态治理快速发展的20年。西北地区的荒漠化土地和沙化土地面积连年减少，许多地区出现"绿肥黄瘦"的景象。但是西北地区生态脆弱，生态治理仍然任重道远，治沙与治穷相结合的治理路径仍需要不断发挥作用。

（一）"白色产业"韧劲十足

"全球棉花看中国，中国棉花看新疆。"新疆是我国棉花主产区，也是世界重要棉花产区。2019年，全疆棉花总产量达到500.2万吨，分别占全国和全球棉花产量的84.9%和19.4%。棉花机械化采收面积近年来以年均超百万亩的幅度增长。2016年至2019年，全疆棉花机械化采收面积由486.23万亩提高至1415万亩，棉花机收水平由20.71%提高至53.91%。

白色海洋之棉花种植

（二）荒漠戈壁变身"白色森林"

　　瘦长的河西走廊，昔日的丝绸之路，今日的"风电之都"。河西走廊布局了我国新能源的"两个第一"：第一个千万千瓦级风电基地，第一个10兆瓦光伏并网发电特许权项目。唤醒沉睡大漠的，是以风能和太阳能发电为主的新能源。目前，西出嘉峪关，即可看见绵延200 km的"白色森林"。风电已成为支撑地方经济的主导产业，同时，清洁能源的发展，也为中国政府减排工作打下了基础。

白色森林之风力发电

（三）"红色产业"红红火火

近年来，西北地区"红色产业"发展红红火火，"红色产业"赋予了西北炫目的色彩。西红柿（*Lycopersicon esculentum*）、辣椒（*Capsicum annuum*）、红花（*Carthamus tinctorius*）、枸杞（*Lycium barbarum var. barbarum*）、红枣（*Ziziphus jujuba var. inemmis*）等红色农作物的产业发展，正逐渐成为西北景观中十分亮丽的一笔。红花、西红柿、枸杞是该地区"红色产业"三大支柱，其中番茄酱是重要的出口创汇产品。据统计，西红柿主要种植在新疆昌吉市、玛纳斯县、呼图壁县、吉木萨尔县等；辣椒主要种植在博湖县、焉耆县和沙湾县；红花主要种植在额敏县、裕民县和托里县；枸杞主要种植在精河县和奎屯市等地区；红枣主要种植在哈密地区、阿克苏地区和若羌县。

（四）黄沙漫漫变致富"宝地"

沙产业的概念于1984年由我国著名科学家钱学森首次提出。西北地区生态治理模式正发生着深刻转变，造林式治理正转向产业化发展与生态治理协调发展，"沙"的资源价值被不断发掘。沙产业如火如荼，沙中不仅能"生绿"，更能"生财"。

沙化土地面积相当于两个浙江省的内蒙古自治区阿拉善盟，近年来，将特色沙生植物产业与生态建设相结合，种植梭梭等固沙灌木后，再接种肉苁蓉，既能"添绿"又可"添金"，地上获得生态效益，地下实现经济效益，极大地调动了全民参与生态建设的积极性。

沙，对于宁夏来说，既是羁绊又是馈赠。沙坡头、沙湖、黄沙古渡，以沙为本，通过旅游精品路线，以沙漠生态旅游为重点的沙产业格局已形成，沙漠生态旅游成为助农增收的新"引擎"。

新疆是中国沙漠面积最大的省区，土地面临沙化威胁严重，与风沙的博弈从未停止。如今，新疆各族群众通过沙漠种植、沙漠旅游、沙漠康养等方式，打造多元沙漠经济，将黄沙变成了致富的"金沙"，治沙与产业化相结合实现了生态和经济同频共振。于田县以沙漠玫瑰（*Rosa rugosa*）为核心，统筹种植基地与生产加工、销售流通等各环节，已形成集玫瑰花香料、食品、日化品、医药于一体的全产业链，极大地促进了沙漠玫瑰的产业发展；塔城地区额敏县、阿勒泰青河县则依靠沙棘（*Hippophae rhamnoides*）种植一举完成了艰巨的荒漠戈壁绿化及防沙治沙任务，改善了生态环境，并为农牧民带来了稳定的收入。

沙产业之肉苁蓉

额敏沙棘经济林

五、生物多样性保护

生物多样性是指生物（动物、植物、微生物）与环境形成的生态复合体以及与此相关的各种生态过程的总和，包括生态系统、物种和基因三个层次。生物多样性是人类赖以生存的条件，是经济社会可持续发展的基础，是生态安全和粮食安全的保障。生物多样性是人类社会发展的物质基础，由于不断加剧的人为活动影响以及气候变化等原因，生物多样性面临前所未有的危机。西北地区是我国生物多样性的关键地区之一，其生态系统和生物类别丰富而古老，地带性分异复杂，使得地区生物多样性保护尤为重要。珍稀濒危动植物作为生物多样性的重要组成部分，对其进行合理的研究和有效的保护，已成为国际社会关注的热点。

西北荒漠区分布有多种珍稀濒危植物被定为《2021版国家保护植物名录》中的一、二级保护植物，比如斑子麻黄（*Ephedra rhytidosperma*）、蒙古扁桃（*Amygdalus mongolica*）、矮扁桃（*Amygdalus nana*）、绵刺（*Potaninia mongolica*）、瓣鳞花、半日花（*Helianthemum songaricum*）、肉苁蓉（*Cistanche deserticola*）、革苞菊（*Tugarinovia mongolica*）、郁金香属（*Tulipa* spp.）、贝母属（*Fritillaria* spp.）、天山樱桃（*Cerasus tianshanica*）、沙生柽柳（*Tamarix taklamakanensis*）等，这些荒漠植物在防风固沙、改善环境等方面发挥着重要的生态服务功能，许多种类还具有药用、饲用等经济价值，是维系我国荒漠区生态、经济和社会可持续发展的宝贵资源。此外，西北温带荒漠上还分布着塔里木兔、双峰驼、鹅喉羚、野马、蒙古野驴、沙狐、波斑鸨、黑腹沙鸡（*Pterocles orientalis*）、纵纹腹小鸮（*Athene noctua*）、蓝颊蜂虎（*M. persicus*）、猎隼、白尾地鸦（*Podoces biddulphi*）、云雀（*Alauda arvensis*）、贺兰山岩鹨、四爪陆龟、吐鲁番沙虎、大耳沙蜥、东方沙蟒等国家一、二级珍稀保护动物。

荒漠植物在种属组成上不平衡，有的属种类丰富，达上百种，有的只有单种属或单属科。这些适应特殊荒漠生境的荒漠植物，维持着荒漠生态系统能量与物质的循环过程，对国家粮食、生态和能源安全具有战略意义。荒漠植被种类单一且稀疏、生物生产量和生物多样性相对较低，食物链结构脆弱且简单，导致该区域荒漠生态系统也成为全球陆地生态系统中最为脆弱的生态系统之一。因而近些年来，对西北荒漠带的野生动植物的保护，越来越受到国家的重视，越来越多的野生动植物被就地（建立国家或地方自然保护区）或迁地保护（动物园、沙漠植物园、林科所）。

西北荒漠地区越来越多的动植物自然分布区域已被划定为国家自然保护区，用以保护这些珍稀濒危或具有特殊功用或研究价值的自然野生动植物。例如：新疆塔里木胡杨（*Populus euphratica*），阿尔金山、罗布泊双峰驼，霍城四爪陆龟等新疆12个荒漠类国家级自然保护区；青海柴达木梭梭（*Haloxylon ammodendron*）林自然保护区；内蒙古的贺兰山、西鄂尔多斯、额济纳旗胡杨林、乌拉特梭梭林-蒙古野驴等8个国家级自然保护区。

　　荒漠区生物多样性的迁地保护工作主要开展了遗传资源的保护，建立了一批种质资源基地，新疆细毛羊、巴什拜羊等家养动物原种场、扩繁场，国家重点林木良种基地，国家种质资源库等。这些基地对野生动植物开展了保护、繁育、研究和开发，在动植物资源的迁地保护中发挥了积极作用。西北荒漠区已建成的植物园有中国科学院吐鲁番沙漠植物园和塔中沙漠植物园、甘肃民勤沙生植物园、阿拉善沙生植物园，还有一些地方性的小型专类植物园；动物有天山野生动物园，以及由世界野马保护组织和地方共建的世界野马繁殖中心，利用从英国和德国赠送给我国的16匹和从美国交换来的2匹，共18匹家养野马，在我国进行了"野马返乡"工程试验。这批家养野马共繁殖了471匹，创造了世界上野马繁殖成活率最高的纪录。迁地保护工程使西北荒漠区部分物种特别是特有及珍稀濒危物种得到了更有效的保护。

　　2012年，党的十八大从新的历史起点出发，做出"大力推进生态文明建设"的战略决策。经过10年的实践，"绿水青山就是金山银山"的科学论断引发的生态红利和生态理念在新疆大地裂变出强大的正能量。新疆的天更蓝了、水更清了、树更绿了，动物尤其是鸟类也随之增多。2014年以来，新疆鸟类由430种上升至500种，增加了70种。动物与植物共生、动物与人类和谐相处，生物多样性水平有了明显提高。

双峰驼

伊犁霍城四爪陆龟自然保护区

吐鲁番沙漠植物园

卡拉麦里自然保护区野马繁育中心

第二章

中国西北温带主要荒漠区

Chapter Two

一、准噶尔盆地

准噶尔盆地位于新疆的北部，北依阿尔泰山，南达天山，西侧为准噶尔西部山地，东至北塔山麓，是中国第二大内陆盆地。盆地呈不规则三角形，东西长 700 km，南北宽 370 km，地势向西倾斜，北部略高于南部，北部的乌伦古湖（布伦托海）湖面高程 479.1 m，中部的玛纳斯湖湖面 270 m，西南部的艾比湖湖面 189 m，是盆地最低点。盆地西侧有几处缺口，如额尔齐斯河谷、额敏河谷及阿拉山口。西风气流由缺口进入，为盆地及周围山地带来降水。

准噶尔盆地砾质荒漠

盆地属中温带气候。盆地北部、西部年均温 3~5 ℃，南部 5~7.5 ℃。盆地东部为寒潮通道，冬季为中国同纬度最冷之地，该地 1 月均温为 −28.7 ℃，年均温日较差 12~14 ℃。盆地主要自然灾害有冻害和大风，盆地西部和北部每年有 8 级以上的大风天数 33~77 天，西部 70 天以上。由于盆地植被覆盖度较高，虽大风天数多，沙丘移动现象却较塔里木盆地为少。但局部地区，如艾比湖东南沙泉子至托托，有新月形沙丘，大风移动沙丘，阻塞交通，危害农田。

盆地中部为古尔班通古特沙漠，年降水量 150~250 mm。一些河流的尾闾可深入沙漠形成一定的植被覆盖，使沙丘呈固定或半固定状态，古尔班通古特沙漠内部植物生长较好，沙丘上广泛分布着以白梭梭（*Haloxylon persicum*）、梭梭（*H. ammodendron*）、淡枝沙拐枣（*Calligonum leucocladum*）、黑沙蒿（*Artemisia ordosica*）、双穗麻黄（*Ephedra distachya*）、准噶尔无叶豆（*Eremosparton songoricum*）和多种一年生植物为主的荒漠植被。植被覆盖度在固定沙丘上可达 40%~50%，半固定沙丘上为 15%~25% 之间。它是中国面积最大的固定、半固定沙漠，是优良的冬季牧场，与之相伴的动物有其明显的荒漠适应性，主要有五趾跳鼠、荒漠伯劳（*Lanius isabellinus*）、黑尾地鸦（*Podoces hendersoni*）、荒漠林莺（*Curruca nana*）、棕薮鸲（*Cercotrichas galactotes*）、巨嘴沙雀（*Rhodospiza obsoleta*）、东方沙蟒、富丽灰蝶。沙漠内部的沙丘形态主要是树枝状沙垄，一般高度为 10~50 m。沙垄的排列明显地受到风向的影响，有着地区上的差异：沙漠西部多作西北—东南走向；广大沙漠的中部和北部，大致作南北走向；沙漠东部转为西北西—东南东走向。在沙漠的西南部还分布有固定或半固定的沙垄蜂窝状沙丘和蜂窝状沙丘。流动沙丘主要在沙漠东北部的阿克库姆和沙漠东南部霍景涅里辛沙带的最东端，多属新月形沙丘和沙丘链。在准噶尔盆地的乌苏精河，以及西北部额尔齐斯河南北两侧的布尔津、哈巴河和吉木乃，还有小片沙漠。额尔齐斯河南北两侧的沙漠，多分布在山麓洪积倾斜台地和山前起伏的山麓斜坡上。大片裸露的流动沙丘，主要是新月形沙丘和沙丘链，一般高 10~20 m，个别高者可达 50~100 m。

准噶尔盆地虽属温带荒漠，但因受西风余泽，冬有积雪、早春有雨使植被分布和外貌景观为我国其他荒漠所罕见。因本区的荒漠植被基本上依赖于自然降水，故与依存于地表径流的紧缩型植被不同。整个荒漠地植被生长较为繁茂，主体植被的覆盖度平均可达 30% 左右。由于沙层中有悬着水层，生长着多种多样的沙生植物。最典型和所占面积最大的沙漠植被是白梭梭和梭梭群系。前者在半固定的沙垄上占优势，后者则主要分布在沙漠边缘的固定沙丘、丘间洼地或沙丘的下部，二者往往构成混交群落。在半固定沙垄上的梭梭群落内，常有灌木、半灌木的沙拐枣（*Calligonum* spp.）、准噶

准噶尔盆地古尔班通古特沙漠

古尔班通古特沙漠白梭梭群系

尔无叶豆、双穗麻黄；亚灌木状的蒿类；多年生禾草有羽毛三芒草（*Aristida pennata*）、大赖草（*Leymus racemosus*）；一年生草本沙蓬（*Agriophyllum squarrosum*）、倒披针叶虫实（*Corispermum lehmannianum*）、对节刺（*Horaninovia ulicina*）等。准噶尔盆地也是我国典型的早春类短命植物的分布区，如尖喙牻牛儿苗（*Erodium oxyrhinchum*）、东方旱麦草（*Eremopyrum orientale*）、囊果苔草（*Carex physodes*）、抱茎独行菜（*Lepidium perfoliatum*）、卷果涩芥（*Malcolmia scorpioides*）等。它们常形成茂密的片层。春季3月末，气候转暖，积雪消融，土壤湿润，这些短生植物种子便迅速发芽、生长，5月下旬在土壤变干之前完成生活史。5月中旬早春短生植物处于最繁茂的状态。在冬春雨雪较多的年份，盖度可达70％以上，草层高达20 cm，呈现出荒原浓绿覆盖、鲜花盛开的春季"草甸"。此外，还存在多类短生植物，如郁金香（*Tulipa* spp.）、粗柄独尾草（*Eremurus inderiensis*）、准噶尔鸢尾蒜（*Ixiolirion songaricum*）、阿魏（*Ferula* spp.）等。它们能靠地下的根茎、鳞茎、球茎和肉质根液度过漫长的干旱季节。春天它们在土层湿润时发芽、生长迅速，入夏后，立即枯萎。若逢降水又会继续生长，如果夏秋无雨，则等来年春季。丰富的植物为荒漠动物提供足够的食物资源，孕育了适应极端气候、形成特殊生理生态适应功能、具有地域特色的野生动物，如大耳猬（*Hemiechinus auritus*）、野马、蒙古野驴、沙狐、棕尾鵟（*Buteo rufinus*）、波斑鸨、石鸻（*Burhinus oedicnemus*）、纵纹腹小鸮、猎隼、黑百灵（*Melanocorypha yeltonien-*

sis）、花条蛇（*P. lineolatus*）等。

准噶尔盆地除了有大面积的砾质戈壁、沙漠、盐碱滩之外，盆地四周低山带还有剥蚀岩漠（石质荒漠），尤其是在"百里丹霞"，这里的丹霞地貌一里一景，经过岁月风蚀雨淋，红色的陡峭山峰巍峨挺拔，错落有致的五彩山脊绵延伸向远方，十分壮观。盆地内不仅被星罗棋布的绿洲围绕，还具有无数奇特的地文景观。有乌尔禾的胡杨林及雅丹地貌、额尔齐斯河的五彩滩和金色河岸、乌伦古湖的芦苇和野鸟、卡拉麦里山的有蹄类动物保护区、古尔班通古特沙漠中的火烧山和五彩城，以及东部将军戈壁的奇台硅化木和恐龙国家地质公园、木垒原始胡杨林。在准噶尔盆地，雅丹地貌特别出众，面积大，分布广，且形状和色彩极其丰富。雅丹地貌是对极端干旱区经过亿万年风蚀而形成的地貌的统称，尤以"魔鬼城"最具代表性，那些被风蚀的土丘高低错落，造型千奇百怪，恐怖怪诞，像一片庞大的古城堡群，"城堡"的砂岩和泥岩在夕阳的照耀下，呈赭红、灰绿、褐黄等颜色，诡谲多变。

丹霞地貌

雅丹地貌

魔鬼城

准噶尔盆地是一块古老的陆台，陆台核心是距今6亿年前、非常古老的前寒武纪结晶岩层。盆地长期保持沉降状态，沉积了浅海相灰岩和陆相的河湖相砂岩、泥岩、砾岩等。准噶尔盆地地层中的煤、石油及硅化木、恐龙、鱼贝类等古生物化石，记录和保留了盆地波澜壮阔的地质发展史，堪称不可多得的"史前地质博物馆"。此外，盆地内还蕴藏着丰富的石油、天然气和煤炭等化石能源。

二、塔里木盆地

塔里木盆地位于新疆南部,是中国面积最大的内陆盆地。南北最宽处520 km,东西最长处1400 km,面积约40万平方千米。海拔高度在800~1300 m之间。盆地处于天山、昆仑山和阿尔金山之间,是大型封闭性山间盆地,周围高山环绕,仅东南端以一狭窄干河谷与河西走廊相通。盆地地貌呈环状分布,边缘是与山地连接的砾石戈壁,中心是辽阔的塔克拉玛干大沙漠,边缘和沙漠间是冲积扇和冲积平原,间有绿洲分布。地势西高东低,微向北倾,其东为罗布泊低地平原,周边为略向中心倾斜的山前平原,全区地势平坦。

塔里木盆地属于暖温带气候,年均温9~11 ℃,年降水量10~80 mm,中部不足10 mm,降水主要集中于夏季。地带性土壤为富有石膏或盐盘的棕色荒漠土。自然灾害主要是风沙和干热风,以东北风和西北风为主,盆地边缘沙丘南移现象严重。盆地水分主要来自西风气流,盆地降水稀少,盆地本身无法形成径流,叶尔羌河—塔里木河河谷呈带状环回于盆地西部和北部。

盆地沿天山南麓和昆仑山北麓,主要由棕色荒漠土、龟裂性土和残余盐土组成,昆仑山和阿尔金山北麓则以石膏盐盘棕色荒漠土为主。塔里木盆地中石油、天然气资源蕴藏量十分丰富,分别约占全国油、气资源蕴藏量的1/6和1/4。塔里木河以南是塔克拉玛干沙漠,面积33.7万平方千米,占新疆面积的20%,占中国沙漠和戈壁总面积的26%(如单指沙漠则占43%),是中国最大沙漠,也是位居世界第2位的流动沙漠。个体沙丘每年约南移50~60 m,流动沙丘面积占85%,沙丘形状复杂,有金字塔形、穹状、鱼鳞状、复合型沙丘链、复合型沙垄等多种形态。

"塔里木",在维吾尔语中即河流汇集之意。旧时喀什噶尔河、渭干河等也汇入塔里木河,后因灌溉耗水过多,与塔里木河间已断流。水源充足的山麓地带已发展为灌溉绿洲,著名的有库尔勒、库车、阿克苏、喀什、叶城、和田、于田等。塔里木盆地是中国最古老的内陆产棉区,光照条件好,热量丰富,能满足中、晚熟陆地棉和长绒棉的需要。昼夜温差大,有利于作物积累养分,又不利害虫滋生,是中国优质棉种植的高产稳产区。瓜果资源丰富,著名的有库尔勒香梨(*Pyrus sinkiangensis*)、库车白杏(*Armeniaca vulgaris*)、阿图什无花果(*Ficus carica*)、叶城石榴(*Punica granatum*)及和田红葡萄(*Vitis vinifera*)等。木本油料作物薄壳核桃(*Juglans regia*)种植也很普遍。

塔克拉玛干沙漠

塔里木盆地在严酷的气候、土壤条件下，地带性植被为灌木荒漠，以半灌木荒漠和小半灌木荒漠占优势，分布于周围山麓冲积洪积平原上。山麓古老淤积平原上多为怪柳属灌丛及多汁的盐土植被。河谷平原有大面积以胡杨为建群种的荒漠河岸林。塔克拉玛干大沙漠及罗布泊低平原，绝大部分为裸地。塔里木盆地植物很贫乏，代表性植物多为古老的种，如膜果麻黄（*Ephedra przewalskii*）、泡泡刺（*Nitraria sphaerocarpa*）、裸果木（*Gymnocarpos przewalskii*）、新疆沙冬青（*Ammopiptanthus nanus*）、霸王（*Zygophyllum xanthoxylon*）、合头草（*Sympegma regelii*）、红砂（*Reaumuria soongorica*）、五柱红砂（*Reaumuria kaschgarica*）、戈壁藜（*Iljinia regelii*）、无叶假木贼（*Anabasis aphylla*）、昆仑锦鸡儿（*Caragana polourensis*）、灌木旋花（*Convolvulus fruticosus*）、灌木紫菀木（*Asterothamnus fruticosus*）等。植被中有许多中亚的成分，如无叶假木贼、骆驼刺（*Alhagi sparsifolia*）、花花柴（*Karelinia caspia*）、白麻（*Apocynum pictum*）等。

塔里木盆地周缘前山带多是石质山坡表面以干燥剥蚀基岩组成的岩漠（石质荒漠），上面生长着极度耐旱超旱生低矮灌木为建群种的稀疏灌丛，主要为白垩假木贼（*Anabasis cretacea*）、短叶假木贼（*A. brevifolia*）、山柑（*Capparis spinosa*）、木地肤（*Kochia prostrata*）、喀什补血草等（*Limonium kaschgaricum*）。

塔里木盆地山前洪积扇平原上部堆积深厚的砾石和沙砾质物质组成的砾质荒漠，其中下部为沙壤质，排水条件良好。及至河流下游地区，地势低洼，排水不良，多湖泊沼泽，土壤盐渍化加强。冲积平原大部分是古老的灌溉绿洲，是新疆盛产麦类和瓜果之区。砾质戈壁上主要是无叶假木贼荒漠；无叶假木贼又常与合头草、圆叶盐爪爪（*Kalidium schrenkianum*）、红砂等组成荒漠植被，其中有时混生少数的短命植物。沙砾质戈壁上则是稀疏的红砂和盐生草（*Halogeton glomeratus*）群落。在山间谷底洪积物上，分布着灌木荒漠，由裸果木、灌木紫菀木等组成；在克孜勒苏河谷洪积扇的上部，生有新疆沙冬青、灌木紫菀木、灌木旋花、昆仑锦鸡儿、中麻黄（*Ephedra intermedia*）等灌丛组成成分。

塔克拉玛干大沙漠内多为光裸的流动沙丘形成的一座座沙山，连绵不断、高低起伏、一眼望不到边，形成独特的自然景观。在半流动沙丘上多生长着多枝怪柳（*Tamarix ramosissima*），沙漠边缘沙砾质基质上，常分布由塔里木沙拐枣（*Calligonum roborovskii*）和梭梭为建群种的稀疏灌丛群系，它常伴生有膜果麻黄、红砂及多枝怪柳，或边缘生长稀疏的骆驼刺、花花柴、刚毛怪柳（*T. hispida*）及胡杨等物种。

塔里木河的胡杨林

昆仑锦鸡儿荒漠

塔里木河流域

骆驼刺群系

在盆地叶尔羌河和塔里木河流域边缘，地势平坦，盐渍化荒漠成分逐渐加强，有大片盐碱滩及盐碱化的风蚀地和沙丘，在结皮盐土上以稀疏的柽柳灌丛占优势，其伴生灌木除了梭梭、红砂，还分布着小獐毛（*Aeluropus pungens*）、胀果甘草（*Glycyrrhiza inflata*）、白麻等草本植物，在中重度盐碱地上则为稀疏的柽柳（*Tamarix* spp.）、木本盐柴类灌丛或纯的多汁木本盐柴类，分布有盐穗木（*Halostachys caspica*）、盐节木（*Halocnemum strobilaceum*）、盐爪爪（*Kalidium foliatum*）、黑果枸杞（*Lycium ruthenicum*）等盐生植物。

塔里木河岸上则分布着成片的胡杨和灰叶胡杨，形成以其为建群种的荒漠河岸林群落，特别是秋季，金黄色的胡杨，盘根错节，千姿百态，十分壮观。

塔里木河以南是塔克拉玛干沙漠，盆地边缘是与山地连接的砾石戈壁，边缘和沙漠间是冲积扇和冲积平原，并有绿洲分布。该区野生动物以啮齿类、有蹄类、荒漠鸟类、两栖爬行类为代表。兽类中亚成分最多，鸟类北方成分最多，两栖爬行类中亚成分最多，呈现出北方成分与中亚成分共同分布的地理特征。独特的地貌与植被类型，该区野生动物能够适应极端干旱并形成了一些特有种，如塔里木兔、白尾地鸦、二斑百灵（*Melanocorypha bimaculata*）、西域山鹛（*Rhopophilus albosuperciliaris*）、新疆岩蜥（*Laudakia stoliczkana*）、塔里木蟾蜍、喀什眼灰蝶（*Polyommatus kashgharensis*）等。

胡杨

三、阿拉善荒漠区

　　"阿拉善"系蒙古语，意为"五彩斑斓之地"。阿拉善高原是长期经历剥蚀堆积的古老陆块，地形起伏不平，平均海拔1000~1500 m。阿拉善荒漠区主要集中在内蒙古西部的阿拉善盟，是亚非荒漠区最东端，位于东经99°~100°及北纬37.5°~44°之间，盟境东部有贺兰山，全长250 km。剥蚀低山石质荒漠、砾石戈壁、沙漠、零星湖盆河道岸边低地盐碱荒漠地相间分布，其中巴丹吉林、腾格里、乌兰布和三大沙漠，约占阿拉善总面积的1/3，主要由流动和半流动沙丘与沙山所组成。沙漠中有许多湖泊与干湖盆分布，形成沙漠中的绿洲。由于周围山地环绕，南部龙首山、合黎山为河西走廊的北部屏障；西部马鬃山群山分布，绵延起伏；特别是东、南边缘有贺兰山等耸立，削弱了东南季风的影响。阿拉善高原气候极度干燥，年降水量多在100~150 mm，部分地区低于50 mm。

　　阿拉善盟土壤受地形地貌及生物气候条件的影响，具有明显的地带性分布特征，由东南向西北土壤地带性分布，从棕钙土逐步过渡为灰漠土和灰棕漠土。非地带性土壤有风沙土、盐土、碱土、龟裂土、钙质石质土、粗骨土。在河漫滩及低阶地发育有林灌草甸土和盐化潮土，同时普遍有盐碱化现象。

　　由于阿拉善荒漠区水热条件相对比较优越，所以植被的覆盖率较高，多样性比较丰富。阿拉善荒漠植物以旱生、超旱生、盐生和沙生的荒漠植物为主，现有野生植物900余种。其中，被列入《内蒙古珍稀濒危保护植物名录》的有45种。如梭梭、胡杨、肉苁蓉（*Cistanche deserticola*）、四合木（*Tetraena mongolica*）、绵刺（*Potaninia mongolica*）、沙冬青（*Ammopiptanthus mongolicus*）、斑子麻黄（*Ephedra rhytidosperma*）、裸果木、蒙古扁桃（*Amygdalus mongolica*）、半日花（*Helianthemum songaricum*）、甘草、脓疮草（*Panzerina lanata* var. *alaschanica*）等。自然生长的超旱生灌木主要有白刺、梭梭、细枝岩黄芪（*Hedysarum scoparium*）、柠条锦鸡儿（*Caragana korshinskii*）、红砂、绵刺、多种怪柳（*Tamarix* spp.）、沙冬青、霸王等。其药用植物资源的种类和蕴藏量都比较丰富，较为常见的有肉苁蓉、锁阳（*Cynomorium songaricum*）、甘草、麻黄（*Ephedra sinica*）、羽叶丁香（*Syringa pinnatifolia*）、黑果枸杞、罗布麻（*Apocynum venetum*）、牛心朴子（*Cynanchum hancockianum*）、脓疮草等。区域内野生动物资源也很丰富，有陆生脊椎动物200余种，如大沙鼠、黄兔尾鼠（*Eolagurus luteus*）、双峰驼、鹅喉羚、蒙古野驴、虎鼬、大石鸡、大鸨（*Otis tarda*）、

巴丹吉林沙漠的沙拐枣群系

猎隼、蒙古百灵（*Melanocorypha mongolica*）、贺兰山岩鹨、蒙古沙雀等。

灌木荒漠、半灌木荒漠及小半乔木荒漠等类型都是该荒漠区的主要地带性荒漠植被，发育在石质残山、砾石戈壁、覆沙戈壁、流动沙丘、盐碱地等不同的荒漠地境中。石质荒漠上分布着短叶假木贼、松叶猪毛菜、合头草等群系，可见于石质低山、残丘等生境。砾质荒漠上分布着以红砂、泡泡刺、霸王为建群种的小灌木荒漠，是砾质和沙质荒漠的代表群系。在半流动沙丘边缘上是以沙拐枣、柠条锦鸡儿为建群种的荒漠群系，植物种类十分贫乏，也极为稀疏，形成不郁闭的荒凉景观。梭梭常出现在覆沙的古湖盆洼地上，耐盐性比较明显，形成独特的矮林状群落外貌，常与白刺混生。在黏质盐碱地上则分布着盐爪爪属（不同地域种有变化）群系，是盐生荒漠的典型代表；柽柳属的耐盐灌木在部分湖盆外围形成柽柳盐生灌丛群系，芨芨草盐生草甸分布在湖盆外围，在湖盆洼地中部的盐土或龟裂盐土上，被强度耐盐碱的盐爪爪群落或由碱蓬、盐角草等组成的一年生盐生植被所占据。胡杨群落常在河岸低地及古河道的覆沙地上分布，零散残生的白榆可见于干河谷的径流线上，由它们组成的荒漠河岸林给荒凉的荒漠景观增添了一点富有生气的色彩。

马鬃山盐爪爪盐碱荒漠

第三章
岩漠及常见物种

Chapter Three

一、岩漠

　　岩漠又称为石质荒漠，为山前干燥剥蚀基岩，地表岩石裸露，或仅有很薄的一层岩石碎屑覆盖的山麓低山带呈狭带状分布，是西北温带荒漠中重要的组成部分之一，广泛分布于西北荒漠的内蒙古阿拉善高原中西部、各大盆地（准噶尔盆地、塔里木盆地、柴达木盆地）周缘前山带、砾质荒漠和沙漠中的低山带。有些岩漠由于常年的风吹日晒，上面覆盖一层坚硬光滑的黑褐色漆皮，给荒漠蒙上了一层沧桑而神秘的色彩，多分布于甘肃马鬃山与新疆之间，东起额济纳旗，北抵中蒙界山，南临河西走廊西段，西依天山东段的一个大约20万平方千米的区域；很多地带在外力侵蚀（风蚀为主）下形成独特的雅丹地貌，鬼斧神工，姿态万千，色彩斑斓，特别是在雨后，无数石峰又魔幻一般从边缘由褐红变成紫红，颜色鲜艳，如浓墨重彩，须臾之间，变化多端，令人惊叹。此地貌的典型代表有青海柴达木盆地西北地区、玉门关西疏勒河中下游，新疆天山南部的拜城大峡谷和克孜尔魔鬼城、准噶尔盆地西部的乌尔禾、东部的将军庙戈壁，吐哈盆地，塔里木盆地东缘的罗布泊北部等地。

　　西北大多数岩漠在极端干旱区，年降水量小于50 mm，植被稀少，上面生长着极度耐旱的超旱生低矮灌木为建群种的稀疏灌丛荒漠，主要有白皮锦鸡儿、短叶假木贼、松叶猪毛菜、合头草、麻黄属［不同地段分布不同种：贺兰山为斑子麻黄、天山为中麻黄和细子麻黄（*Ephedra regeliana*）等群系。其伴生种通常有白垩假木贼（*Anabasis cretacea*）、木地肤（*Kochia prostrata*）、矮大黄（*Rheum nanum*）、山柑（*Capparis spinosa*）、瓦松属（*Orostachys* spp.）、喀什补血草（*Limonium kaschgaricum*）、革苞菊（*Tugarinovia mongolica*）］等。

　　石质荒漠处于荒漠带的边缘，隐蔽条件良好、活动场所广阔、食物较为丰富，动物区系组成以北方型与中亚型并重、少数高地型渗入，在边缘地区交错分布，表现为高密度散布的特征。典型代表有赤颊黄鼠（*Spermophilus erythrogenys*）、短趾雕（*Circaetus gallicus*）、欧夜鹰（*Caprimulgus europaeus*）、白翅啄木鸟（*Dendrocopos leucopterus*）、云雀、粉红椋鸟（*Pastor roseus*）、新疆岩蜥、斑缘豆粉蝶（*Colias erate*）等。

马鬃山黑漆石质荒漠

粉红椋鸟集群

拜城大峡谷

二、常见物种

粗伏毛微孢衣
Acarospora strigata (Nyl.) Jatta

属 微孢衣属	Acarospora A.Massal.
科 微孢衣科	Acarosporaceae

龟裂状至亚鳞片状，裂片以柄固着于基物上，各形裂片边缘上翘，灰色，实际颜色为褐色至深褐色，地衣体裂片表面不平，有裂纹，裂纹深浅不一，表面粗糙无光泽，大小0.4~2 mm，高度0.2~0.4 mm，上皮层上部分褐色，下部分透明，下表面无皮层、白色或微黄，藻层均匀至不均匀，不均匀的时候被菌丝隔开，髓层白色。子囊盘周围总是可见放射状裂纹，盘面黑色、无粉霜、光滑至粗糙，一个裂片上有1~8个子囊盘，但通常为一个近圆形至有点不规则，子囊棒球状，内具100个左右的单胞、阔椭圆形的子囊孢子，侧丝分隔，偶见分枝，未见分生孢子器。

通常出现在非常干旱地带的石灰岩和花岗岩表面上。

在我国分布于新疆、甘肃、内蒙古、宁夏。南美洲、亚洲及其他地区也有分布。

荒漠平茶渍

Aspicilia desertorum (Krempelh.) Mereschk. Excurs.

不规则的鳞叶状，上表面淡灰绿色，下表面乳白色，地衣体微短单生，假根或茸毛固着于基物中。鳞叶体边缘中型裂至波浪形浅裂，鳞片叶边缘顿型生长至起型生长，沿着鳞片叶周围具有宽窄不一致的乳白色边缘，宽度一般0.06~0.1 mm。子囊盘深黑褐色至黑色，盘面粗糙，地衣整体多处集中生长在鳞叶片当中，地衣体中部集生子囊盘数量一般为2~18个，部分单生子囊盘生长在个别鳞叶片基部，子囊盘早期具有不发达的盘缘，后期成熟子囊盘的中部圆形凸起并盘缘消失或不明显的储存；球形至不规则形，部分单生子囊盘生长在个别鳞片叶基部。囊内具椭圆形透明而单孢的8个子囊孢子。

目前仅出现在新疆阿勒泰地区福海县温泉谷以及乌鲁木齐博格达峰的海拔1700~3450 m开阔地的各种岩石面上。

| 属 | 平茶渍属 | Aspicilia A.Massal. |
| 科 | 大孢衣科 | Megasporaceae |

果野粮衣
Circinaria fruticulosa (Eversm.) Sohrabi

属	野粮衣属	Circinaria Link
科	大孢衣科	Megasporaceae

　　短近圆球形状的枝状，不固着在所生长基物中，圆球形枝状体直径0.8~3 cm，形成多多少少、长短不一致、几乎二杈分枝、分枝像多疣形状的枝状体，主枝及分枝几近圆柱状，生长不同方向的小分枝顶端凹陷状并发育出奶白色假杯点，枝状地衣体表面也有少量分散生长的微颗粒状粉霜物，地衣体周皮层表面因这种地衣的生长环境不一样，颜色变化大，有橄榄色、深橄榄色、灰色、淡灰褐色、土黄色、铁锈红色等，共生藻为色球藻属的种类。子囊盘少见，生长在小枝顶端，盘表面凹陷，成熟后基部收缩，盘面近蓝灰色至暗灰褐色并少量的粉霜覆盖，盘缘发育良好，与地衣体同色，子囊近圆棍棒状，成熟子囊内有无色单胞的4个子囊孢子。未见分生孢子器。

　　生长于荒漠开阔地，早起在石面上贴生，成熟后离开所生长基物，形成近短圆球形状的枝状体。

　　在我国分布于新疆、甘肃、宁夏、内蒙古，欧洲、中亚、非洲等地也有分布。

鳞饼衣

Dimelaena oreina (Ach.) Norman

壳状，中部龟裂，边缘放射状分裂。地衣体紧贴着基物，近圆形莲座状，直径0.5~1.8 cm，淡灰绿色或灰色、中部色较暗、边缘裂片长短不等而扁平、顶端扩大并有微锯齿，具有黑色的下地衣体。子囊盘多生于中部，盘面凹状近乎黑色，直径0.1~0.5 mm，有较明显的托缘，子囊内具褐色的双胞8个孢子。地衣体含松萝酸以及三苔酸。

生长于岩石面上。

在我国分布于新疆、内蒙古、吉林、甘肃、山东、江苏。

属	鳞饼衣属	Dimelaena Norman
科	粉衣科	Caliciaceae

糙聚盘衣

Glypholecia scabra (Pers.) Muell. Arg

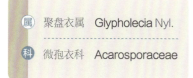

属 聚盘衣属	Glypholecia Nyl.
科 微孢衣科	Acarosporaceae

鳞片状，单生或多数复合生，鳞片近圆形，直径0.5~3.5 cm，裂片周围波状及皱纹或网状龟裂并不同程度浅裂、裂片较短并顶端圆形，上表面灰褐色至淡褐色或者有时深褐色、表面被白色的粉霜，下表面灰白色或淡褐色，以中部用脐固着于基物中。子囊盘褐色至深褐色，表面点状凸起，渐呈平展的线纹状，半埋生于地衣体中，通常一部分子囊盘聚生于裂片中部，呈复合的多数子囊盘，盘面颗粒状粗糙，不被粉霜覆盖，直径1.5~2.5 mm，子囊内具50~100个囊孢子，具有微小、单胞、无色、近球形的囊孢子，直径3~5 μm。

生长于各种岩石表面。

在我国分布于新疆，欧洲、北美洲以及中亚、南亚也有分布。

丛本藓

Anoectangium aestivum (Hedw.) Mitt

细小，密集丛生，绿色或黄绿色；茎直立；叶披针形，叶中肋不到达叶尖，叶缘基部具有细齿，叶上部细胞圆形或多边形，密被圆疣，基部细胞正方形或长方形，平滑透明；孢子体侧生。

生长于碱性岩石或岩石薄土上。

在我国分布于新疆、宁夏、青海、内蒙古以及东北、华北等地区，日本、印度、菲律宾、新西兰以及欧洲和北美洲等地也有分布。

属	丛本藓属　Anoectangium Schwaegr.
科	丛藓科　Pottiaceae

无齿紫萼藓
Grimmia anodon Bruch & Schimp

属	紫萼藓属	**Grimmia** Hedw.
科	紫萼藓科	**Grimmiaceae**

密集成垫状，深绿色至棕色或黑色，有时候苍白色。茎直立，具中轴。茎叶长圆卵形至长圆披针形，内凹，具龙骨状凸起，叶干燥时紧贴，瓦状覆盖，湿润时直立至向上伸展，叶边基部或中部一侧背卷或两侧背卷，上部扁平；上部叶先端尖，具带齿的白色透明毛尖，无或略下延，下部叶先端钝，无或短的白色毛尖；中肋单一，粗壮，延伸，在叶端前消失，腹部具2个腹细胞；基部中肋两侧细胞正方形至长方形，壁薄；基部近边缘细胞正方形至长方形，壁薄，横壁明显厚于纵壁；叶中部和上部细胞圆形，壁厚，深波状，单层或部分两层。芽孢未知。雌雄异株。孢子体常见；雌苞叶与茎叶同形；蒴柄短而弯曲，呈"S"形；孢蒴内隐，近球形，膨大，不对称，平滑，淡黄色；气孔明显大；无蒴齿；蒴盖乳头状凸起；蒴帽钟帽形；孢子6~11 μm，表面具细疣或近平滑。

生长于干旱、半干旱地区干燥裸露的石灰岩或花岗岩上。

在我国分布于新疆、内蒙古、青海、西藏，中亚以及欧洲、北美洲、南美洲和非洲也有分布。

缨齿藓

Jaffueliobryum wrightii (Sullivant) Thériot

　　体小，密集丛生，黄绿色或褐色，苍白；茎直立，长穗状，分枝，中轴分化。叶干燥时瓦状覆盖，湿润时直立伸展，宽椭圆形至阔卵形，内凹；叶边缘扁平；叶尖钝尖；毛尖长，透明；中肋单一，强壮，及顶；基部细胞正方形至短长方形，透明，薄壁；叶中部细胞椭圆形至无规则胞菱形，厚壁；叶上部细胞圆形或椭圆形或正方形至菱形，厚壁。雌雄同株。蒴柄直立，短；孢蒴内隐，卵形，直立，棕色；蒴齿披针形，穿孔，表面具密疣；环带分化，由2~3行的厚壁细胞组成；蒴盖圆锥形，具短，钝喙；蒴帽尖帽形，基部具不规则缺刻；孢子7~9 μm。

　　生长于干旱山地岩面薄沙土或开阔山坡上。

　　在我国分布于新疆、河北、宁夏、西藏、内蒙古、青海，蒙古国以及欧洲、北美洲、南美洲也有分布。

属	缨齿藓属	Jaffueliobryum Thér.
科	紫萼藓科	Grimmiaceae

斑子麻黄

Ephedra rhytidosperma Pachomova

属	麻黄属	Ephedra L.
科	麻黄科	Ephedraceae

矮小垫状灌木；高5~15 cm，具短硬多瘤节的木质枝；绿色小枝细短硬直，在节上密集，假轮生呈辐射状排列，节间长1~1.5 cm；叶膜质鞘状，长约1 mm，2裂；雄球花对生，无梗，苞片通常仅2~3对；雌球花单生，苞片2（3）对，下部1对形小，上部1对最长，雌花通常2，胚珠外围的假花被粗糙，有横列碎片状密凸起，珠被管长约1 mm，先端斜直或微曲；种子通常2，肉质红色，较苞片为长，约1/3外露，背部中央及两侧边缘有整齐明显凸起的纵肋，肋间及腹面均有横列碎片状细密凸起；花果期4—7月。

生长于剥蚀石质山坡及滩地。

在我国分布于贺兰山和甘肃靖远，蒙古国也有分布。

嫩枝和果实可饲用；花期长，雄花多粉，雌花泌蜜，是很好的蜜源植物。

- 《国家重点保护野生植物名录》：Ⅱ级
- 《世界自然保护联盟濒危物种红色名录》（IUCN）：濒危（EN）

草木状密丛小灌木，高2~10 cm，无主茎。地下茎发达；幼茎纤细，有节。雄球花卵形或椭圆形，每苞片腋部具1朵花；苞片淡绿色，稍增厚，边缘膜质；成熟雌球花卵形或阔卵形，苞片肉质，红色或橙红色，后期紫黑色，具狭膜质边缘。种子内藏，卵形或狭卵形，栗褐色，腹面平凹；珠被管内藏或微伸出。花期5—6月，果期7—8月。

旱生或超旱生植物，生于平原砾石戈壁，干旱低山坡至高山石坡、石缝，海拔700~3200 m。在我国分布于新疆，哈萨克斯坦、巴基斯坦、印度也有分布。

可做蜜源植物。

| 属 | 麻黄属 | Ephedra L. |
| 科 | 麻黄科 | Ephedraceae |

木贼麻黄
Ephedra equisetina Bge.

属	麻黄属 Ephedra L.
科	麻黄科 Ephedraceae

灌木，高1~1.5 m。小枝细、密，平行或几平行，向上排列呈帚状。叶鞘基部红色，增厚。雄球花单生或几枚簇生于节上，无梗，或具短梗，卵形；雌球花苞片肉质，红色或鲜黄色，具狭膜质边。雌球花含单粒，极少2粒种子，种子棕褐色，光滑而有光泽，狭卵形或狭椭圆形，顶端略呈颈柱状，明显点状种脐与种阜。花期6—7月，果期8月。

旱生和超旱生植物，生长于碎石坡地、山脊、岩壁，海拔1300~3000 m。

在我国分布于新疆、内蒙古、甘肃，蒙古国、俄罗斯也有分布。

为重要的药用植物，是提制麻黄碱的重要原料。

• 《新疆维吾尔自治区重点保护野生植物名录》：Ⅱ级

矮大黄
Rheum nanum Siev.

多年生草本，高10~25 cm。根垂直。茎直立，无叶。基生叶近圆形，长约9 cm，表面多疣，3条主脉凸起，沿缘小的波状；叶柄腹面具沟槽。圆锥花序近金字塔形，稀疏；花黄色，长4.5 mm；花梗短粗，基部具关节。瘦果连翅呈宽卵形，长10~12 mm，宽与长近相等，先端凹陷，基部心形；瘦果广椭圆形，暗褐色，无光泽，翅宽，淡蔷薇色，翅脉靠近边缘，并与瘦果之间具2~3条横脉。

生长于海拔700~2000 m或以上的荒漠戈壁、石质山坡、沙砾地。

在我国分布于新疆、甘肃、内蒙古，俄罗斯、哈萨克斯坦、蒙古国也有分布。

骆驼、羊等喜食其叶；可做药用。

属 大黄属 Rheum L.

科 蓼科 Polygonaceae

绿叶木蓼

Atraphaxis laetevirens (Ledeb.) Jaub. et Spach

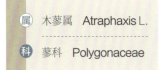

属 木蓼属 Atraphaxis L.

科 蓼科 Polygonaceae

小灌木，高30~70 cm。全株被短乳头状毛，分枝开展，枝的顶端具叶或花，无刺。叶鲜绿色，近无柄，叶片革质，宽椭圆形，顶端圆形，微凹，具小尖头，表面无毛，背面网脉凸起，被乳头状毛，特别在中脉基部明显，全缘或微波状；托叶鞘筒状，膜质。总状花序短，近头状；花淡红色具白色边缘或白色；花被片5，排成2轮，外轮2片较小，内轮3片果期增大；花梗细，中下部具关节。瘦果宽卵形，具三棱，黑褐色，光滑，有光泽。花果期5—7月。

生长于多石山坡灌丛及荒漠，海拔900~1500 m。

在我国分布于新疆北部，俄罗斯、哈萨克斯坦、塔吉克斯坦及阿富汗也有分布。

可做观赏、蜜源植物。

木蓼

Atraphaxis frutescens (L.) Ewersm.

灌木，高30~70 cm。老枝顶端不成刺状；叶片窄披针形，淡灰蓝色或浅灰绿色。总状花序生于当年枝的顶端，通常不分枝；花淡红色具白色边缘或白色，单被花5。瘦果三棱形，暗褐色，无毛，有光泽。花果期6—8月。

生长于石质山坡、山前戈壁滩、沙砾质荒漠，海拔500~3000 m。

在我国分布于甘肃、青海、宁夏、内蒙古及新疆，俄罗斯、哈萨克斯坦及蒙古国有分布。

嫩枝是羊和骆驼的好饲料。

| 属 | 木蓼属 | Atraphaxis L. |
| 科 | 蓼科 | Polygonaceae |

短叶假木贼
Anabasis brevifolia C. A. Mey.

属	假木贼属　Anabasis L.
科	藜科　Chenopodiaceae

　　株高通常5~15 cm。根粗壮，黑褐色。木质茎多分枝，稠密，灰褐色；小枝灰白色或黄白色，常具环状裂隙；当年枝黄绿色或灰绿色，不分枝或上部有少数分枝，圆柱形，平滑，少数有稀疏乳头状凸起。叶条形，肉质，半圆柱状，开展并向下作弧形弯曲，先端通常有半透明的短刺尖。花单生，花被片果期具翅，翅膜质，杏黄色、紫红色或少数暗褐色，直立或稍开展。胞果卵形至宽卵形。花期7—8月，果期8—10月。

　　生长于海拔500~1700 m的洪积扇和山间谷地的砾质荒漠、低山草原化荒漠。

　　在我国分布于内蒙古西部、宁夏、甘肃及新疆，蒙古国、俄罗斯、哈萨克斯坦也有分布。

　　常以单优势种形成大面积的短叶假木贼荒漠。饲用，是野生食草动物对盐分补充的重要来源之一。

准噶尔猪毛菜
Salsola dshungarica Iljin

属	猪毛菜属　Salsola L.
科	藜科　Chenopodiaceae

　　半灌木，高10~30 cm。多分枝，新鲜时有鱼腥味。小枝乳白色，密被卷曲柔毛。叶有柔毛，互生或簇生，半圆柱形，基部不缢缩成柄状。花被无毛，或仅在顶部有缘毛；柱头与花柱近等长。胞果较小；种子横生。花期8—9月，果期9—10月。

　　生长于干旱山坡、砾石戈壁、中轻度沙砾质盐碱荒漠带。

　　在我国分布于新疆北部，中亚也有分布。

　　可做骆驼和羊的中等饲料，是野生食草动物补充盐分的重要来源之一。

木本猪毛菜
Salsola arbuscula Pall.

(属) 猪毛菜属　Salsola L.

(科) 藜科　Chenopodiaceae

　　小灌木，高20~100 cm。多分枝。老枝淡灰褐色或淡黄灰色；小枝乳白色或淡黄色。叶半圆柱形，无毛，淡绿色，顶端钝或尖，基数乳白色，扩展并隆起，扩展处的上部缢缩成柄状，叶片自缢缩处脱落，留存于枝上乳白色叶基残痕。花单生苞叶，小苞片比花被片长或等长。果期翅以上的花被片基部包覆果实，上部膜质，反折，呈莲座状。果实；种子横生。花期6—8月，果期8—10月。

　　超旱生植物。生于海拔450~1000 m的山麓洪积扇砾石荒漠、沙丘边缘、丘间沙地及盐土上。

　　在我国分布于新疆、宁夏、内蒙古、甘肃，哈萨克斯坦、伊朗、蒙古国、俄罗斯也有分布。

松叶猪毛菜
Salsola laricifolia Turcz. ex Litv.

(属) 猪毛菜属　Salsola L.

(科) 藜科　Chenopodiaceae

　　小灌木，高15~90 cm。枝开展，下部常常有刺状枝，老枝较粗，黑褐色或棕褐色；小枝木质，乳白色。叶半圆柱状，长1~2 cm，宽1~2 mm，小枝上互生，老枝上簇生于短枝的顶端，基部下延，扩展且稍隆起，叶片脱落于缢缩成柄状处，叶基残痕存留枝上。穗状花序；小苞片宽卵形，绿色草质，顶端急尖，两侧边缘淡黄绿色，膜质；花被片长卵形，膜质，背部稍厚而硬，在中下部果期生翅；翅膜质，黄褐色，有紫褐色脉纹，近圆形或倒卵形；花被片在翅以上部分聚集成较长的圆锥体；花药附属物顶端渐尖。果实直径8~11 mm（包括翅）；种子横生。

　　生长于海拔400~1500 m的低山石质阳坡及山麓洪积扇的砾石荒漠和沙丘、沙地。

　　在我国分布于新疆、内蒙古、甘肃及宁夏，蒙古国、俄罗斯以及中亚也有分布。

小蓬
Nanophyton erinaceum (Pall.) Bge.

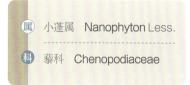

属 小蓬属 Nanophyton Less.

科 藜科 Chenopodiaceae

密集的垫状植物,株高通常5~15 cm,最高不超过30 cm。茎粗短,拐极;老枝密集,粗短,灰褐色,有多数侧生干枯短枝,当年幼枝绿色。叶互生,稠密,极小,先端略呈钻状,锐尖,基部扩大,半抱茎,有白色膜质边缘,背面有乳头状凸起,腋内有绵毛。花单生苞腋,通常1~4(7)朵集聚于幼枝的顶端;小苞片与苞片近同形,下部有膜质边缘;花被片5,黄色,有光泽。胞果卵形;胚平面螺旋形。花果期7—9月。

生长于海拔450~1500 m的戈壁、石质山坡及干燥的灰钙土地区,形成以小蓬为优势种的小蓬荒漠。

在我国分布于新疆,蒙古国、俄罗斯、哈萨克斯坦、乌兹别克斯坦、吉尔吉斯斯坦、塔吉克斯坦、土库曼斯坦也有分布。

本种粗蛋白含量高,骆驼、牛羊喜食,为优良的催肥饲料。

紫萼石头花

Gypsophila patrinii Ser.

多年生草本；高达60 cm；全株无毛；根径0.5~1 cm；叶线形，长1.5~4 cm，宽1~3 mm，基部短鞘状，基生叶簇生，茎生叶稀疏；聚伞花序顶生，花少；花梗纤细，长0.5~2 cm；苞片披针形或三角形，长2~3 mm；花萼钟形，长2~3 mm，裂片卵形，边缘膜质，疏生缘毛，萼脉宽，绿或带紫色，脉间膜质，淡紫色；花瓣倒卵形，紫红色，先端微凹；雄蕊短于花瓣；花柱长约3.5 mm；蒴果卵圆形，长于宿萼，顶端4裂；种子扁圆肾形，长0.8~1.2 mm，平滑，脊具小疣。花期6—9月，果期7—10月。

生长于戈壁、石质山坡、岩缝，海拔550~3400 m。

在我国分布于宁夏、甘肃、青海和新疆，哈萨克斯坦、俄罗斯和蒙古国也有分布。

| | 属 | 石头花属 | Gypsophila L. |
| 科 | 石竹科 | Caryophyllaceae |

裸果木

Gymnocarpos przewalskii Maxim.

属	裸果木属	Gymnocarpos Forsk.
科	石竹木科	Caryophyuaceae

半灌木，高20~30 cm。茎曲折，多分枝；树皮灰褐色，剥裂；嫩枝红褐色，节膨大。叶砧形，对生或小枝短缩而簇生，顶端锐尖，具锐尖头。单生于叶腋或集成短聚伞花序，苞片膜质透明，卵圆形；萼片5，倒披针形或条形，边缘膜质，外面被短柔毛。瘦果。种子1枚。花期5—6月。

多生在干旱的灰棕色荒漠土或棕色荒漠土的砾石戈壁或低矮的剥蚀残丘下部，海拔1000~2500 m，在地表径流或低洼处常形成单优势种群落。

在我国分布于新疆东部及南部山区、甘肃河西走廊、青海西部、内蒙古西部、宁夏东南部。

其嫩枝为骆驼所喜食，可做固沙植物。

新疆海罂粟
Glaucium squamigerum Kar.

属 海罂粟属　Glaucium Mill.

科 罂粟科　Papaveraceae

二年生或多年生草本，高
15~40 cm。茎多数直立，不分
枝，全株被白色软刺状毛，少
数无毛。基生叶莲座状，蓝灰
色，羽状深裂或浅裂，茎生叶
1~2片或无，无柄，羽状裂或
不裂，裂片前端具尖刺。花单
生于茎顶，具长柄。蒴果角果
状，直或弓形弯曲；果瓣由下
向上开裂，开裂后胎座框与隔
膜宿存；果瓣被或疏或密的白
色鳞片。花期4—5月，果期
6—7月。

在我国分布于新疆。中亚
广泛分布。

可做药用。

伊犁秃疮花

Dicranostigma iliensis C. Y. Wu et H. Chuang

属 秃疮花属 Dicranostigma Hook. f. et. Thoms.

科 罂粟科 Papaveraceae

二年生或多年生草本，高30~50 cm。茎直立，于中部以上分枝，无毛。基生叶莲座状，长圆形到椭圆形，蓝灰色而稍肉质，叶片琴状浅裂或深裂，裂片具少数大锯齿，齿端常有尖刺；茎生叶卵圆形到宽卵圆形，向上渐小，无柄抱茎，浅裂或具大锯齿，齿端常有尖刺。蒴果长角果状，柱头大，略作弓形曲。花期5—6月，果期6—8月。

在我国分布于新疆北部的荒漠带及草原带的山坡、平地与河谷，海拔800~1400 m。

刺山柑

Capparis spinosa L.

属 山柑属 Capparis L.

科 山柑科 Capparidaceae

又名槌果藤、老鼠瓜。藤本小半灌木。枝条平卧，辐射状展开，长2~3 m。单叶互生，肉质，圆形、椭圆形或倒卵形，托叶变态为刺状。花腋生，较大，有雄花和两性花，花冠白色或粉红色，果实为椭球形，表面光泽，绿色，成熟的果实自然开裂，果肉红色。种子肾形，黑褐色，4—5月上旬始花，花期长达6个月，30天果成熟。

刺山柑耐干旱、耐风沙、耐高温且耐贫瘠。对土壤的适应性很强，在干燥的石质低山、丘陵坡地、砾石质的戈壁滩均能生长。

在我国分布于新疆、甘肃、西藏。地中海地区的很多国家也有分布。

山柑具有水土保持、防风固沙、药用、食用等多种功能，是荒漠、干旱地区的抗旱植物。

绵果荠
Lachnoloma lehmanii Bge.

属 绵果荠属 Lachnoloma Bge.

科 十字花科 Cruciferae

　　一年生草本，高10~25（30）cm；全株多毛，毛为长单毛或分枝毛。茎上部分枝。叶披针形或条状披针形，长2.5~4.5 cm，宽2~6 mm，顶端急尖，基部渐窄成柄，全缘或具波状齿。总状花序顶生，花少数；萼片直立，条状长圆形，长5~7 mm，上部黏合，于果实成熟时裂开；花瓣淡红色，匙形，长9~10 mm，有长爪；子房无柄，花柱长于子房，子房与花柱上均密生长柔毛。短角果长5~7 mm，宽约4 mm，花柱宿存，柱头明显2裂。花期5—6月。

　　生长于海拔900~1100 m的荒漠地带砾石戈壁、沙砾质荒漠。在我国分布于新疆。

棒果芥

Sterigmostemum caspicum (Lamarck) Ruprecht

多年生草本；高10~40 cm，全体具星状毛及腺毛；茎
直立，有分枝；叶片长圆形，长2~3 cm，宽3~5 mm，顶端
圆形，基部渐狭，边缘羽状浅裂，具深波状锯齿或近全缘；
叶柄长1.5~2 cm；总状花序顶生；萼片长圆状披针形，长
2~3 mm；花瓣淡紫色，倒卵形，长7~10（12）mm，顶端裂
至3~5 mm，基部渐狭；长角果圆柱状，长2.5~4.5 cm，坚硬，
顶端渐尖，花柱长3~4 mm，柱头2裂，开展；果梗粗，长
4~5 mm；种子长圆形，长1~2 mm，黑色。

在我国分布于新疆北部荒漠草原的碎石山坡，国外分布
于俄罗斯、伊朗、土耳其。

| 属 | 棒果芥属 | Sterigmostemum M.Bieb. |
| 科 | 十字花科 | Cruciferae |

杂交景天
Sedum hybridum (L.)'t Hart

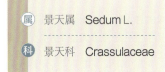

属	景天属	Sedum L.
科	景天科	Crassulaceae

又名景天，多年生草本，高10~25 cm，根状茎长，分枝，木质，绳索状；茎横走，分枝，不育枝短，密生叶；叶互生，匙状椭圆形或倒卵形，先端钝，基部楔形，边缘有钝锯齿。无假叶柄；萼片5，线形或窄长圆形；花序聚伞状，花瓣5，黄色，披针形，长0.8~1 cm；雄蕊10，与花瓣等长或稍短；花药橙黄色；期荚椭圆形，长8~10 mm，基部2~3 mm合生，成熟后呈星芒状开展，基部合生；种子小，椭圆形。

生长于海拔730~2700 m的阳坡石缝、山坡石缝、碎石质草地。

在我国分布于新疆北部，蒙古国及俄罗斯也有分布。

新疆沙冬青

Ammopiptanthus nanus (M. Pop.) Cheng f.

常绿灌木；高40~70 cm。树冠近圆形，分枝多；树皮黄色，小枝被短柔毛，呈灰白色。单叶，极少3小叶；小叶全缘，阔椭圆形至卵形，先端钝，或具短尖头，两面密被银白色短柔毛。总状花序短顶生，花4~15朵集生。花梗长6~9 mm，被短柔毛；萼筒钟形，长3~4 mm，稍被毛，齿三角形。荚果矩圆形，稍波皱，被短柔毛，长3~5 cm，宽12~15 mm，果颈长为萼筒的2倍，有喙。种子1~5粒，肾形。

生长于砾质山坡。

在我国分布于新疆乌恰县和阿克陶县。可供观赏。

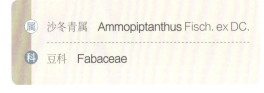

属	沙冬青属 Ammopiptanthus Fisch. ex DC.
科	豆科 Fabaceae

• 《新疆维吾尔自治区重点保护野生植物名录》：Ⅰ级

白皮锦鸡儿
Caragana leucophloea Pojark.

属	锦鸡儿属　Caragana Fabr.
科	豆科　Fabaceae

　　灌木，高1~1.5 m。老枝黄白色，有光泽；嫩枝被短柔毛，常带紫红色；假掌状复叶，托叶在长枝者硬化成针刺，宿存，在短枝者脱落；叶柄在长枝者硬化成针刺，宿存，簇生，小叶狭倒披针形，稍呈苍白色或稍带红色，无毛。花梗单生或并生；花冠黄色；子房无毛。荚果圆筒形，里外均无毛。花期5—6月，果期7—8月。

　　强旱生灌木，抗风沙能力极强。生长于海拔700~2250 m的干旱山坡、山前冲积扇、戈壁滩。

　　在我国分布于内蒙古、甘肃、新疆，国外分布于中亚和蒙古国。

木黄芪
Astragalus arbuscula Pall.

属	黄芪属　Astragalus L.
科	豆科　Fabaceae

　　灌木，高50~120 cm，老枝直立，树皮黄褐色，纵裂，当年生枝粗壮，被黄灰色伏贴"丁"字毛；羽状复叶有5~13片小叶，有短柄；叶轴被白色伏贴毛；托叶下部与叶柄贴生，被黑白混生毛；小叶线形，近无柄，两面被伏贴毛；总状花序呈头状，有8~20花；花序梗比叶长2~3倍，被伏贴"丁"字毛；苞片卵圆形或披针形，长2~3 mm；花萼管状，密被黑白两色混生柔毛，萼齿长为萼筒的1/4~1/3；花冠淡紫红色，旗瓣菱形，长1.5~1.9 cm，翼瓣长1.4~1.7 cm，瓣片长为瓣柄的1.4倍，龙骨瓣短于翼瓣；荚果平展或下垂，线状，劲直，长1.7~3 cm，革质，被白色和黑色柔毛，假2室；花期4—6月，果期6—7月。

　　生长于海拔800~1600 m的石质山坡。

　　在我国分布于新疆，俄罗斯、哈萨克斯坦也有分布。

　　花期长，色艳，可做西北荒山护坡绿化。

胀萼黄芪

Astragalus ellipsoideus Ledeb.

多年生丛生草本；高13~20 cm，被银白色绢状毛；根多数，纤维状，木质化；茎极短缩，不明显；羽状复叶有9~21片小叶，长7~15 cm；叶柄与叶轴等长或短1/2，托叶下部与叶柄贴生，上部披针形，被白色伏贴毛；小叶椭圆形或倒卵形，长5~10 mm，先端急尖或钝圆，两面被银白色伏贴毛；总状花序卵球形，有8~30花；花序梗通常短于叶，被白色伏贴毛；花萼管状，长约1 cm，果期膨大，长达1.6 cm，萼齿长约为筒部的1/3~1/2，被黑色和白色混生短柔毛；花冠黄色，旗瓣长2~2.4 cm，倒卵状长圆形，中部两侧微缢缩，翼瓣短于旗瓣，先端2浅裂，瓣片短于瓣柄，龙骨瓣较翼瓣短；荚果卵状长圆形，长1.2~1.5 cm，革质，假2室，密被白色开展毛；花果期5—6月。

生长于山地石质山坡或山地草原沙砾质土壤上。

在我国分布于内蒙古、宁夏、甘肃、青海、新疆，中亚等地也有分布。

属	黄芪属 Astragalus L.
科	豆科 Fabaceae

球根老鹳草
Geranium linearilobum Candolle

属 老鹳草属　Geranium L.

科 牻牛儿苗科　Geraniaceae

　　多年生草本植物，高可达20 cm。根具膨大的倒卵形或近球形块根。茎直立，单一，被倒向开展的柔毛，托叶三角形，基生叶具长柄，叶片圆形，裂片狭菱形或上部裂片几为条形，边缘具深浅不等的齿，花序腋生和顶生或于茎顶呈聚伞状，苞片砧状，花梗与总花梗相似，萼片卵形或椭圆形，先端具短尖头，花瓣倒卵形，紫红色，雄蕊稍长于萼片，花药棕色，花丝基部扩展，被长缘毛；雌蕊稍长于雄蕊，被柔毛，花柱暗褐色。蒴果被柔毛。花期5—6月，果期6月。

　　类早春短生植物，生于前山和低山砾石质山坡及平原砾石质滩地。

　　在我国分布于新疆，中亚也有分布。

　　全株均可饲用。在早春季节，对家畜恢复体膘有良好的作用。

白花亚麻
Linum pallescens Bge.

属	亚麻属 Linum L.
科	亚麻科 Linaceae

多年生草本；高达30 cm；根茎木质化；茎丛生，直立或基部仰卧，基部木质化；营养枝具密集的窄叶；茎生叶散生，线状条形，长0.7~1.5 cm，宽0.5~1.5 mm，先端渐尖，基部渐窄，叶缘内卷，1脉或3脉；茎生叶散生，线状条形，长0.7~1.5 cm，宽0.5~1.5 mm，先端渐尖，基部渐窄，叶缘内卷，1脉或3脉；花白色或淡蓝色，腋生或成聚伞花序；蒴果近球形，草黄色，直径约4 mm。花、果期6—9月。

生长于低山干石质山坡、河谷沙砾地。

在我国分布于新疆、内蒙古、宁夏、陕西、甘肃、青海和西藏，俄罗斯及中亚各国也有分布。

泡泡刺
Nitraria sphaerocarpa Maxim.

属 白刺属 Nitraria L.

科 白刺科 Nitrariaceae

灌木，高30~60 cm。枝平铺地面，树皮淡白色，多分枝，不育枝先端刺状。叶2~3个簇生，狭窄线形，顶端锐尖或钝，全缘。花5数，白色；萼片绿色。果在未成熟披针形，顶端渐尖，密被黄褐色柔毛，成熟时果皮膨胀成球形、干膜质，果核狭窄，表面具蜂窝状小孔。花期5—6月，果期6—7月。

生长于砾质荒漠、山前平原和沙砾质平坦沙地，海拔700~1280 m。

在我国分布于新疆、内蒙古、甘肃、青海，蒙古国也有分布。

可固沙也可饲用，是西北砾质、沙砾质荒漠的建群种。

霸王
Zygophyllum xanthoxylon (Bunge) Maxim.

灌木，高50~100 cm。枝弯曲，开展，皮淡灰色，木质部黄色，先端具尖刺，坚硬。叶在老枝上簇生，幼枝上对生；叶柄长8~25 mm；小叶1对，长匙形，狭矩圆形或条形，长8~24 mm，宽2~5 mm，先端圆钝，基部渐狭，肉质，花生于老枝叶腋；萼片4，倒卵形，绿色，长4~7 mm；花瓣4，倒卵形或近圆形，淡黄色，长8~11 mm；雄蕊8，长于花瓣。蒴果近球形，长18~40 mm，翅宽5~9 mm，常3室，每室有1种子。种子肾形，长6~7 mm，宽约2.5 mm。花期4—5月，果期6—8月。

生长于荒漠和半荒漠的沙砾质河流阶地、低山山坡、碎石低丘和山前平原。

在我国分布于内蒙古、甘肃、宁夏、新疆、青海，蒙古国也有分布。

霸王可入药，幼嫩时期也可饲用。

属	霸王属 Zygophyllum L.
科	蒺藜科 Zygophyllaceae

大翅霸王
Zygophyllum macropterum C. A. Mey.

属 霸王属　Zygophyllum L.

科 蒺藜科　Zygophyllaceae

多年生草本，高5~25 cm。根木质。茎具糙皮刺。托叶离生，白色膜质；叶柄长1~2 cm；小叶3~5对，倒卵形或矩圆形，长5~12 mm，宽2~8 mm。花腋生，花期直立，果期下垂；萼片椭圆形，长5~6 mm，宽4~5 mm；花瓣长于萼片，橘红色，先端钝或凹入；雄蕊10枚，其中5枚与花瓣近等长，5枚较短，鳞片矩圆形。蒴果近球形或卵球形，长宽近相等，长2~4.5 cm，宽2~4 cm，翅宽5~12 mm，膜质。种子斜披针形，黄色或灰绿色。花期4—5月，果期5—8月。

生长于低山干旱石质山坡、河流阶地。

在我国分布于新疆，中亚也有分布。

针枝芸香
Haplophyllum tragacanthoides Diels

小亚灌木；高达15 cm；茎基部分枝密集，长针状枯枝宿存；叶厚纸质，短线形或窄椭圆形，长3~9 mm，灰绿色或绿色，疏生油腺点，具细小钝齿，叶脉不明显；无叶柄；花单生枝顶；萼片卵形，长不及1 mm；花瓣5，黄色，长圆形，长7~8 mm，宽约3 mm，疏生半透明大油腺点；雄蕊较花柱长，花柱长约2.5 mm，心皮（4）5；果宿存，顶部开裂，果皮具油腺点，果瓣直径约5 mm；种子肾形，长2~2.5 mm，种皮具皱纹。花期5—6月，果期7—8月。

生长于石质山坡较干旱区域，海拔约1500 m。

在我国分布于内蒙古、宁夏、甘肃。

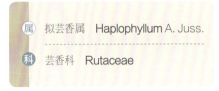

属　拟芸香属　Haplophyllum A. Juss.

科　芸香科　Rutaceae

荒地阿魏

Ferula syreitschikowii K.-Pol.

属	阿魏属　Ferula L.
科	伞形科　Apiaceae

多年生草本；高15~30 cm；根圆柱形，根颈上残存枯萎叶鞘纤维；茎细，稍呈"之"字形弯曲，被密集的短毛；基生叶和茎下部叶叶片轮廓为菱形，二至三回羽状全裂，羽状全裂的末回裂片小，通常长1~2 cm，再深裂成全缘或顶端具齿的小裂片。花瓣淡黄色，倒卵形，顶端渐尖，向内弯曲，外面有毛。伞辐6~12；果实小，长5~8 mm；分生果椭圆形，背腹扁压，长5~8 mm，宽约3 mm，每个棱槽内油管。花期5月，果期6月。

生长于沙地、石质干旱山坡和荒地。

在我国分布于新疆，俄罗斯及中亚也有分布。

簇枝补血草

Limonium chrysocomum (Kar. & Kir.) Kuntze

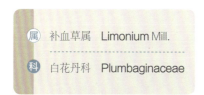

属	补血草属　Limonium Mill.
科	白花丹科　Plumbaginaceae

多年生草本或亚灌木；茎基肥大，木质；枝端密被白色膜质鳞片及残存叶柄；叶数枚呈丛簇生，叶柄窄，叶线状披针形或长圆状匙形，连叶柄长0.5~1.5（2.5）cm，宽1~4 mm，下部渐窄；萼漏斗状，长0.9~1.2 cm，萼筒径约1.5 mm，萼檐鲜黄色；穗状花序由（3）5~7（9）个小穗组成，单个或2~3个集于花序轴顶端呈紧密头状团簇；花冠橙黄色。花期6—7月，果期7—8月。

生长于山前平原和石质山坡、山沟。

在我国分布于新疆，蒙古国也有分布。

深裂叶黄芩
Scutellaria przewalskii Juz.

属	黄芩属	Scutellaria L.
科	唇形科	Lamiaceae

亚灌木；高达22 cm；整株均被长柔毛及腺毛；茎常紫色；叶卵形或椭圆形，先端钝，羽状深裂，具4~7对指状裂片，上面疏被茸毛，下面密被灰色茸毛；叶柄具窄翅；总状花序长2.5~5 cm，苞片宽卵形，被长柔毛及腺毛；花萼长约2 mm，盾片高1.5 mm；花冠黄色或冠檐带紫色，长2.5~3.3 cm，冠筒基部稍囊状，喉部直径达7 mm，下唇中裂片宽卵形，先端微缺，侧裂片卵形；小坚果三棱状卵球形，长1.5 mm，密被灰茸毛，腹面近基部具脐状凸起。花期6—8月，果期7—9月。

生长于海拔900~2300 m的干旱沙砾质开阔坡地以及河岸阶地干沟等处。

在我国分布于新疆、甘肃，俄罗斯、哈萨克斯坦、吉尔吉斯斯坦也有分布。

小裂叶荆芥
Schizonepeta annua (Pall.) Schischk.

属	裂叶荆芥属	Schizonepeta (Benth.) Briq.
科	唇形科	Lamiaceae

一年生草本；高达26 cm；茎棱淡紫褐色；叶宽卵形或长圆状卵形，长1~2.3 cm，二回羽状深裂，两面被白色柔毛，有时杂有黄色腺点，裂片线状长圆形或卵状长圆形；轮伞花序多数，具4~10花，组成顶生间断穗状花序；花萼长5~6 mm，被白色柔毛，喉部偏斜，15脉，萼齿卵形，具短芒尖；花冠淡紫色，长6.5~8 mm，被长柔毛，冠筒长5~6 mm，上唇2浅裂，下唇中裂片具不规则缺齿，侧裂片较小；小坚果褐色，长圆状三棱形，顶端圆。花期6—8月，果期8—9月。

生长于荒漠和荒漠地带的石质山坡、丘陵和洪积扇。

在我国分布于新疆，俄罗斯、蒙古国也有分布。

本种地上部分含芳香油，为麝香草酚的重要原料。

沙穗

Eremostachys moluccelloides Bge.

属	沙穗属	Eremostachys Bge.
科	唇形科	Lamiaceae

多年生草本；高25~30 cm；根为芜菁块根状，根颈处有绵毛状具节白长柔毛，其上常宿存有叶鞘；茎粗壮，单一或分枝，被曲折具腺、具节绵状长柔毛，毛在节上密集，节间疏生；花柱先端近等2浅裂；小坚果黑色，顶端密被柔毛状须毛；花期6—7月，果期8月。

生长于石质、碎石质山坡、山前平原、戈壁、沙丘。

在我国分布于新疆，俄罗斯、叙利亚、伊朗、阿富汗、蒙古国及中亚也有分布。

小花脓疮草

Panzerina lanata var. **parviflora** H. W. Li

属	脓疮草属	Panzerina Soják
科	唇形科	Lamiaceae

多年生草本，具木质的主根。茎高25~40 cm，自基部向上具能育的短枝，极密被白色绵毛状茸毛；叶片轮廓为圆形，先端钝，基部心形，边缘内卷，掌状5裂，裂片约达中部，宽楔形，两面密被柔毛，下面散布浅黄色腺点，下面显著而变白色；苞叶较小，常呈掌状3深裂；轮伞花序腋生，具8~12花，在茎及枝顶上组成短穗状花序，萼齿伸长，前2齿长约5 mm，后3齿长约3 mm，狭三角形，先端为长刺状尖头；叶下面密被柔毛及浅黄色腺点；花小，长2~2.2 cm，稍超出于萼筒；花盘平顶。子房无毛。花期7月。

生长于干旱地。

在我国分布于新疆阿尔泰山。

毛节兔唇花

Lagochilus lanatonodus C. Y. Wu et Hsuan

多年生植物；根木质；茎高15~25 cm，多分枝，木质，节上略膨大，被茸毛；叶楔状菱形，长10~16 mm，宽7~14 mm，先端3浅裂，裂片再3~5浅裂，小裂片及裂片先端具刺状芒尖，革质，叶被短柔毛，或两面均无毛；轮伞花序具2花，花白色；苞片针状，长4~12 mm，无毛；花萼管状钟形，萼齿稍短于萼筒，或与之等长，狭长圆状披针形，先端钝，具短刺尖；小坚果倒扁圆锥形，长4 mm，宽2 mm，黑褐色，被尖状毛，先端楔形。花期7月，果期9月。

生长于海拔820~2400 m的干旱山地及石质荒漠草原中。

在我国分布于新疆北部。

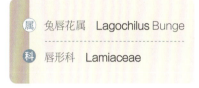

| 属 | 兔唇花属 **Lagochilus** Bunge |
| 科 | 唇形科 **Lamiaceae** |

大花兔唇花
Lagochilus grandiflorus C. Y. Wu et Hsuan

属　兔唇花属　Lagochilus Bge.

科　唇形科　Lamiaceae

多年生草本；高达30 cm；茎基部分枝铺散，被细硬毛；叶宽卵形，长2.8~4 cm，基部楔形或圆形，上面疏被细硬毛及腺点，下面被短柔毛及腺点，一回或二回羽状深裂，裂片宽2.2~4.2 mm，具短刺尖；轮伞花序约具6花，小苞片针状；花萼窄管状钟形，长约2.3 cm，密被微柔毛，齿被腺点，萼齿长圆形，长0.9~1.4 cm，具刺尖；花冠粉红色，长约4.6 cm，被白色长柔毛，上唇长约3 cm，2裂，每裂片2小裂，下唇倒卵状楔形，3裂，中裂片长约1.1 cm，具2小裂片，侧裂片卵形，长约5 mm，先端微缺，前对雄蕊长约2.8 cm，后对长2.3 cm；子房无毛。花期6月。

生长于山坡岩石中。

在我国分布于新疆北部。

砾玄参

Scrophularia incisa Weinm.

半灌木状草本；高 20~50（70）cm；茎近圆形；叶片狭矩圆形至卵状椭圆形，长（1）2~5 cm，边缘变异很大，从有浅齿至浅裂，基部有 1~2 枚深裂片；顶生稀疏而狭的圆锥花序长 10~20（35）cm，聚伞花序有花 1~7 朵；花萼裂片近圆形，有狭膜质边缘；花冠玫瑰红色至暗紫红色，下唇色较浅，长 5~6 mm，花冠筒球状筒形，长约为花冠之半，上唇裂片顶端圆形，下唇侧裂片长约为上唇之半，雄蕊约与花冠等长；子房长约 1.5 mm，花柱长约为子房的 3 倍；蒴果球状卵形，连同短喙长约 6 mm。花期 6—8 月，果期 8—9 月。

生长于砾石山坡、河谷、河滩。

在我国分布于新疆、内蒙古、宁夏、甘肃、青海、黑龙江，蒙古国、俄罗斯和中亚也有分布。

属	玄参属	Scrophularia L.
科	玄参科	Scrophulariaceae

紫花柳穿鱼
Linaria bungei Kuprian.

属	柳穿鱼属 Linaria Mill.
科	玄参科 Scrophulariaceae

多年生草本；高达50 cm；茎常丛生，有时一部分不育，中上部常多分枝，无毛；叶互生，线形，长2~5 cm，两面无毛；穗状花序，花数朵至多花，果期伸长，花序轴及花梗无毛；花萼无毛或疏生短腺毛，裂片长圆形或卵状披针形，长2~3 mm；花冠紫色，除去距长1.2~1.5 cm，上唇裂片卵状三角形，下唇短于上唇，侧裂片长仅1 mm，距长1~1.5 cm，伸直；蒴果近球状，长5~7 mm；种子盘状，边缘有宽翅，中央光滑。花期5—8月。

生长于低山带石质山坡，偶见前山带砾质荒漠，海拔500~2000 m。在我国分布于新疆西北部，俄罗斯及中亚也有分布。

美丽列当
Orobanche amoena C. A. Mey.

属	列当属	Orobanche L.
科	列当科	Orobanchaceae

二年生或多年生寄生草本；高达30 cm；茎近无毛或疏被腺毛；叶卵状披针形，长1~1.5 cm，连同苞片、花萼及花冠外面疏被腺毛；花序穗状；苞片与叶同形；花萼后面裂达基部，前面裂至中下部或近基部，裂片2中裂；花冠裂片蓝紫色，筒部淡黄白色，花丝着生处窄，向上稍缢缩，上部漏斗状，上唇2浅裂，下唇长于上唇，3裂，裂片间具褶，裂片均具不规则小圆齿；花丝上部被腺毛，基部密被长柔毛，花药密被长柔毛；柱头2裂，裂片近圆形；蒴果椭圆状长圆形，长1~1.2 cm。花期5—6月，果期6—8月。

生长于砾质小蓬荒漠及沙化盐土上的蒿属（*Artemisia*）植物根部。

在我国分布于新疆，伊朗、阿富汗、巴基斯坦、俄罗斯、蒙古国及中亚也有分布。

小花蓝盆花

Scabiosa olivieri Coult.

| 属 | 蓝盆花属 | Scabiosa L. |
| 科 | 川续断科 | Dipsacaceae |

一年生草本，高10~50 cm。茎纤细，自基部成二歧分枝，具稀疏或密的白色短柔毛。叶对生，长圆形或线状披针形，长2~5 cm，宽3~10 mm，全缘，或在基部具1~2对呈耳状的羽状分裂小叶，上面生有长茸毛，下面具较长疏生柔毛；总花梗长3~10 cm；头状花序球形，花期直径3~5 mm，果期不连萼刺长达1 cm，具5~15朵花，边缘花较中央花为大；总苞片3~5，长圆状卵形或卵圆形，渐尖头，较花略短，绿色或绿褐色；小总苞宽漏斗形，长约2 mm，基部具白色糙硬毛，上半部具8个深窝孔，冠檐部膜质，近水平伸展，具20~24条脉，外面脉上疏生柔毛；萼刺五角星状，具短柄，棕褐色，刚毛向外伸展，较冠檐长4~5倍，生有短毛；花冠淡紫色，有时呈白色，外面疏生短柔毛。瘦果具乳白色毛。花期5—6月，果期6—7月。

生长于山前砾石质山坡。

在我国分布于新疆，中亚及俄罗斯、伊朗、阿富汗、巴基斯坦和印度也有分布。

新疆亚菊
Ajania fastigiata (C. Winkl.) Poljak.

属	亚菊属	Ajania Poljakov
科	菊科	Compositae

　　多年生草本；茎枝有柔毛，茎中部叶宽三角状卵形，长3~4 cm，二回羽状全裂，一回侧裂片2~3对，小裂片长椭圆形或倒披针形，宽1~2 mm；花序下部叶羽状分裂；叶两面灰白色，密被伏贴柔毛，叶柄长1 cm；总苞钟状，径2.5~4 mm，总苞片4层，麦秆黄色，边缘膜质，白色，先端钝，外层线形，长2.5~3.5 mm，基部被微毛，中内层椭圆形或倒披针形，长3~4 mm；边缘雌花花冠细管状，冠檐3齿裂；花果期8—10月。

　　生长于海拔900~2260 m的多石山坡及草原灌丛中。

　　在我国分布于新疆，俄罗斯、蒙古国及中亚也有分布。

革苞菊

Tugarinovia mongolica Iljin

属	革苞菊属	Tugarinovia Iljin
科	菊科	Compositae

多年生草本，根状茎粗壮，茎基被绵状污白色厚茸毛，上端有簇生或单生的花茎。花茎不分枝，长 2~4 cm，柔弱，径约 2 mm。叶多数生于茎基上呈莲座状叶丛，通常长 7~15 cm，宽 2~4 cm，有基部扩大被长茸毛的叶柄；叶片长圆形，革质。头状花序在茎端单生，下垂，径达 2 cm。总苞倒卵圆形，长约 1.5 cm；总苞片 3~4 层。花柱分枝短，卵圆形，顶端稍钝，下部稍扁；基部膨大。冠毛长 5~6 mm，污白色，有不等长而上部稍粗厚的微糙毛。瘦果无毛。花果期 5—6 月。

生长于海拔 1000~1200 m 的石质残丘顶部或砾石质坡地。

在我国分布于内蒙古。

革苞菊属是蒙古高原植物区系的特有种属植物，对研究亚洲中部植物的起源和区系特点有重要价值。

• 《国家重点保护野生植物名录》：Ⅱ 级

镰芒针茅

Stipa caucasica Schmalh.

属	针茅属	Stipa L.
科	禾本科	Poaceae

秆高 15~30 cm，具 2~3 节，基部宿存灰褐色枯叶鞘。叶鞘平滑无毛，短于节间；叶片纵卷如针，叶片下面无毛，基生叶为秆高的 1/15；圆锥花序狭窄，常包藏于顶生叶鞘内，长 5~10 cm；颖披针形，先端丝芒状，等长或第一颖稍长，长 3.5~4 cm，第一颖具 3 脉，第二颖具 5 脉；外稃长 8~10 mm，背部具条状毛，基盘尖锐，长约 2 mm，密被柔毛，芒一回膝曲扭转，芒柱长 1.6~2.2 cm，具长约 1 mm 的柔毛，芒针长 7~14 cm，芒柱与芒针间膝曲形成镰刀状、羽状毛长 3~5 mm，从上向下，从外圈向内圈渐变短。花果期 4—6 月。

常生于海拔 1400~2620 m 的石质山坡和沟坡崩塌处。

在我国分布于新疆、西藏，俄罗斯及中亚等地区也有分布。

通常为荒漠草原的早春饲料植物。

长舌针茅

Stipa macroglossa P. Smirn.

多年生密丛草本植物。秆直立，丛生，高可达80 cm，常具节，基部宿存枯叶鞘。长于节间；叶舌披针形，叶片纵卷呈线形，上面被微毛，下面粗糙，圆锥花序狭窄，几全部含藏于叶鞘内；小穗草黄或灰白色；颖尖披针形，第1颖、第2颖具脉；外稃背部具有排列成纵行的短毛，芒两回膝曲，光亮，边缘微粗糙，第1芒柱扭转，第2芒柱稍扭转，芒针卷曲，基盘尖锐，具淡黄色柔毛；颖果纺锤形，腹沟甚浅。花果期6—8月。

生长于低山带石质山坡，或砾石荒漠，海拔1200~2300 m。

在我国分布于新疆、甘肃，欧洲、中亚、蒙古国也有分布。

针茅在山地垂直带中占有重要地位，其营养成分、适口性和耐牧性均很高，是草原地带的优良饲用植物。

属	针茅属	Stipa L.
科	禾本科	Poaceae

中亚细柄茅

Ptilagrostis pelliotii (Danguy) Grub.

属 细柄茅属 Ptilagrostis Griseb.

科 禾本科 Poaceae

秆直立，形成密丛；高20~50 cm，直径1~2 mm，光滑，2~3节；叶鞘短于节间，光滑，叶舌平截，长0.2~1 mm，先端具纤毛；叶片灰绿色，纵卷如刚毛状，长6~10 cm，秆生者长达3 cm，微粗糙；圆锥花序疏散，长达10 cm，宽3~4 cm；分枝常孪生，细弱，长2.5~4 cm，下部裸露；小穗淡黄色，长5~6 mm；颖披针形，几等大，膜质，光滑，3脉；外稃长3~4 mm，先端2齿裂，3脉，脉于先端汇合，芒长2~2.5 cm，被柔毛，不明内稃稍短于外稃，1脉，疏被柔毛；花药长约2.5 mm，花果期6—9月。

生长于海拔900~3500 m的多石砾地、荒漠平原、戈壁滩、石质山坡及岩石上。

在我国分布于新疆、内蒙古、甘肃、青海。

准噶尔鸢尾蒜

Ixiolirion songaricum P. Yan

多年生草本，高8~28 cm。具鳞茎；叶2~6枚，基生，狭条形，边缘稍内卷，全绿。叶状苞片1~2枚，生于茎中部，线状披针形，边缘膜质。小苞片膜质，披针形，具1脉；花3~6朵；花被片淡蓝色或淡紫色，长1.8~3 cm，下部聚合呈筒状，上部开展或外弯，有时扭曲，顶端有细角状附属物；雄蕊6，花丝白色，贴生于花被片，线状倒披针形，花药背着生；花柱白色，柱头3裂；子房长圆状倒卵形，顶端3裂；种子多数，长卵形或长圆形，黑色，表面具细皱纹。

新疆特有种，生于海拔450~1600 m的天山北麓的干旱山坡、山前冲积扇。

属　鸢尾蒜属　Ixiolirion（Fisch.）Herb.

科　石蒜科　Amaryllidaceae

赤颊黄鼠

Spermophilus erythrogenys Brandt, 1841

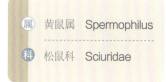

属 黄鼠属 Spermophilus

科 松鼠科 Sciuridae

体形中等黄鼠，体长可达25 cm，略小于长尾黄鼠。体躯背面从头顶至尾基沙黄或灰黄色，杂以灰黑色调；前额区被毛呈棕黄色，体背有黄白色波纹，或无波纹；鼻端、眼上缘、耳前上方和两颊具棕黄色或铁锈色斑；体侧、颈侧、前后肢内侧、足背及腹面均为浅黄色或草黄色。栖息于低山草原、山前丘陵草原和半荒漠平原。喜食植物的绿色部分、花果、块根及少量鞘翅目昆虫。白昼活动，听觉、视觉和嗅觉灵敏，警惕性高。交配期4月上旬起持续到月底，产崽期集中在5月上旬到月底，产崽数为2~10只，常见4~7只。

在我国分布于新疆和内蒙古，哈萨克斯坦、蒙古国、俄罗斯等也有分布。

• 《中国脊椎动物红色名录》：无危（LC）

鹅喉羚

Gazella subgutturosa (Güldenstadt, 1780)

头体长88~109 cm，肩高60~70 cm，尾长12~17.5 cm，体重29~42 kg。颈细而长，雄兽颈下有甲状腺肿，形似鹅喉，故称鹅喉羚。上体毛呈沙黄色或棕黄色，吻鼻部由上唇到眼平线白色，额部、眼间至角基及枕部均棕灰色，其间杂以少许黑毛，下唇及喉中线亦为白色，与胸部、腹部及四肢内侧之白色相连。典型的荒漠草原和荒漠戈壁动物，食用荒漠地区多种植物与杂草。冬季交配，怀孕期5—6个月，5月或6月产崽，每胎产1~2崽。寿命约10年。

在我国分布于新疆、青海、甘肃、内蒙古、宁夏，蒙古国、俄罗斯、阿塞拜疆、哈萨克斯坦、乌兹别克斯坦等国家也有分布。

| 属 | 瞪羚属 | Gazella |
| 科 | 牛科 | Bovidae |

- 《国家重点保护野生动物名录》：Ⅱ级
- 《中国脊椎动物红色名录》：易危（VU）

大石鸡

Alectoris magna Prjevalsky, 1876

属	石鸡属 Alectoris
科	雉科 Phasianidae

　　中等体形（32~45 cm）的鹑类。通体深灰沙色，眼先黑色，两胁黑色横斑较多，喉的黑边外有一层栗褐色边极为醒目。栖息于荒漠、半荒漠低山丘陵、岩石山坡、黄土高原、高山峡谷和裸岩地区，海拔多在1300~4000 m，有季节性的垂直迁徙现象。主要以各种灌木和草木植物的嫩枝、嫩叶、芽、茎、草根、花、果实、种子以及农作物等植物性食物为食。巢多筑在突出的岩石或悬崖覆盖的草地上或灌丛中，巢简陋而粗糙，内垫有枯草茎、草叶、兽毛和羽毛。繁殖期4—6月，每窝产卵7~20枚，孵卵由雌鸟承担，孵化期22~24天。

　　我国特有种，分布于青海、宁夏、甘肃。

- 《国家重点保护野生动物名录》：Ⅱ级
- 《中国脊椎动物红色名录》：近危（NT）

短趾雕

Circaetus gallicus Gmelin, 1788

　　体形略大（60~70 cm）的浅色雕。上体灰褐色，下体白色而具深色纵纹，喉、胸沙褐色，具锈色纵纹，尾较长，具3道暗色横斑，初级飞羽黑色，飞翔时覆羽及飞羽上长而宽的纵纹极具特色。繁殖于开阔、干旱的低山疏林地区或河谷，迁徙见于各类开阔生境。喜食以各种蛇类为主的爬行动物。营巢于林缘地区，置巢于树顶部枝杈，偶尔在悬崖上营巢。繁殖期4—6月，通常每窝产卵1枚，孵化期约47天。雏鸟晚成性，由亲鸟喂养70~75天后离巢。

　　繁殖于包括新疆天山在内的西北地区，迁徙时少见于北方、华中至西南等地；国外分布于欧洲、中亚、蒙古国、印度及非洲等地。

属　短趾雕属　Circaetus

科　鹰科　Accipitridae

- 《国家重点保护野生动物名录》：Ⅱ级
- 《中国脊椎动物红色名录》：近危（NT）

欧斑鸠
Streptopelia turtur Linnaeus, 1758

属	斑鸠属 Streptopelia
科	鸠鸽科 Columbidae

体形略小（25~28 cm）的粉褐色斑鸠。颈侧具多黑白色细纹的斑块，眼周裸露皮肤红色；上背浅褐色，具浅棕色端缘，下背、腰和尾上覆羽褐色较深。主要栖息于荒漠平原和低山丘陵的森林中。以植物的果实和种子为食，也吃桑葚、玉米、芝麻、小麦等农作物和少量动物性食物。通常营巢于森林林缘地带的树上，也在农田地边。巢呈平盘状，主要由枯枝构成，结构较为松散、简陋。繁殖期5—8月，每窝产卵2枚，孵化期13~14天。雏鸟晚成性，由亲鸟共同抚育，喂养约18天离巢。

在我国分布于新疆、内蒙古、西藏、青海及甘肃，欧洲、非洲及西南亚也有分布。

- 《中国脊椎动物红色名录》：无危（LC）

欧夜鹰
Caprimulgus europaeus Linnaeus, 1758

中等体形（24~28 cm）的棕灰色夜鹰。满布杂斑及纵纹，雄鸟近翼尖处有小白点，雌鸟无白色。栖息于荒漠山地和平原森林，喜欢林缘灌丛和沟谷疏林地带，有时也出现于半荒漠和裸露的岩石荒野及灌丛草坡。主要以蚊、甲虫、夜蛾等昆虫为食。夜行性，黄昏和晚上活动。通常营巢于灌木下，大树树根或幼树、树枝掩盖的地面凹处。繁殖期5—7月，每窝产卵2枚，雌雄亲鸟轮流孵卵，孵化期17~18天。雏鸟晚成性，亲鸟喂养16~18天才能飞翔。

在我国分布于新疆、甘肃、内蒙古和宁夏，欧亚大陆、非洲也有分布。

属　夜鹰属　Caprimulgus

科　夜鹰科　Caprimulgidae

• 《中国脊椎动物红色名录》：无危（LC）

白翅啄木鸟

Dendrocopos leucopterus (Salvatori, 1870)

属	啄木鸟属	Dendrocopos
科	啄木鸟科	Picidae

中等体形（22~24 cm）的黑白啄木鸟。雄鸟前额、耳覆羽和下体白色，腹中央和尾下覆羽玫瑰红色，头顶、背黑色，枕部有一红色块斑，翼合拢时具大块的白色区域。主要栖息于海拔2000 m以下的低山、丘陵、平原、山谷等地的阔叶林和次生林。以天牛成虫和幼虫、鞘翅目昆虫、蚂蚁等多种昆虫为食。营巢于树洞中，通常每年啄新洞，洞中垫有树木屑和树的韧皮。繁殖期为3—5月，每窝产卵4~7枚，孵化期16~17天。雏鸟晚成性，雌雄共同哺育23~24天即可离巢。

国内常见于新疆南部的胡杨林区，少见于新疆准噶尔盆地的西部及南部的阔叶林；国外分布于阿富汗和中亚等地。

- 《国家重点保护野生动物名录》：Ⅱ级
- 《中国脊椎动物红色名录》：近危（NT）

黄爪隼

Falco naumanni Fleischer, 1818

体形小（29~34 cm）的红褐色隼，雌雄异羽。雄鸟头灰色，上体赤褐色而无斑纹，胸具稀疏黑点，下体淡棕色，颏及臀白色，尾蓝灰色近端处有黑色横带；雌鸟红褐色较重，上体具横斑及点斑，下体具深色纵纹。栖息于开阔的荒漠、草地、林缘、村庄附近及农田防护林。主要以蝗虫、甲虫、金龟子等大型昆虫为食，也吃小型啮齿类动物。营巢于山区悬崖的凹陷处或岩石顶端的岩洞，也在树洞中营巢。繁殖期为5—7月，每窝产卵4~5枚，孵化期28~29天。雏鸟晚成性，经26~28天双亲喂养后离巢。

在我国新疆北部较常见，迁徙时偶见于新疆东部和中部地区；国外广布于南欧、北非、西亚、中亚等地。

属　隼属　Falco

科　隼科　Falconidae

- 《国家重点保护野生动物名录》：Ⅱ级
- 《中国脊椎动物红色名录》：易危（VU）

黑额伯劳

Lanius minor Gmelin, 1788

属	伯劳属 Lanius
科	伯劳科 Laniidae

体形中等（20~23 cm）的灰色伯劳。雄性自嘴基至额黑色，向侧方与眼先、过眼及耳羽连成一黑纹区，头顶至尾上覆羽暗褐灰色，中央两对尾羽纯黑色，向外的一对黑色具白色羽基和大型白端斑；雌性羽色似雄性，体羽略沾褐色。常栖息于开阔平原河谷林、农田防护林及树木稀疏的荒漠山前丘陵。主要以昆虫为食，亦捕食小型鸟类、鼠类等。通常营巢于阔叶树及灌木上，巢由树枝、草茎编成，内垫细草茎及羽毛。繁殖期5—7月，通常每窝产卵4~7枚，双亲孵卵，孵卵期约15天。雏鸟晚成性，离巢约2周后可独立活动。

在我国分布于新疆，国外分布于欧洲、中亚，越冬于非洲。

- 《中国脊椎动物红色名录》：无危（LC）

云雀
Alauda arvensis (Linnaeus, 1758)

中等体形（16~18 cm）具灰褐色杂斑的百灵。雌雄羽色相似，顶冠及耸起的羽冠具细纹，尾分叉，羽缘白色，后翼缘的白色于飞行时可见。栖于荒漠平原、草地，树木稀疏的荒漠山地等。以植物性食物为食，也吃部分昆虫。通常营巢于近水草地、荒山坡甚至耕地中，巢呈杯状，外壁由枯草茎、叶和须根构成，内壁较纤细，无内垫物。繁殖期4—7月，每窝产卵3~5枚，孵化期约11天。雏鸟晚成性，双亲共同育雏12~14天即可离巢。

在我国分布于黑龙江、吉林、内蒙古、河北、新疆等地，国外分布于欧洲、非洲等地。

属	云雀属	Alauda
科	百灵科	Alaudidae

- 《国家重点保护野生动物名录》：Ⅱ级
- 《中国脊椎动物红色名录》：无危（LC）

蒙古百灵
Melanocorypha mongolica (Pallas, 1776)

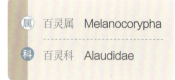

属	百灵属 Melanocorypha
科	百灵科 Alaudidae

体形小（17~22 cm）的鸣禽。上体黄褐色，具棕黄色羽缘，头顶周围栗色，中央浅棕色，下体白色，胸部具有不连接的宽阔横带，两肋稍杂以栗色纹，颊部皮黄色，两条长而显著的白色眉纹在枕部相接。栖息于半荒漠草原等开阔地区，尤其喜欢草本植物茂密的湿草原地区。主要以草籽、嫩芽等为食，也捕食少量昆虫。营巢在土坎、草丛根部地上，巢呈浅杯形，用杂草构成，置于地面稍凹处或草丛。繁殖期5—7月。每窝产卵3~5枚。

国内为内蒙古及其周边地区较常见夏候鸟或留鸟，国外分布于蒙古国、俄罗斯等地。

- 《国家重点保护野生动物名录》：Ⅱ级
- 《中国脊椎动物红色名录》：易危（VU）

粉红椋鸟

Pastor roseus Linnaeus, 1758

中等体形（19~22 cm）的粉色及黑色椋鸟。繁殖雄鸟亮黑色，背、胸及两胁粉红；雌鸟与之相似但较黯淡；幼鸟上体皮黄色，两翼及尾褐色，下体色浅，嘴黄色。栖息于荒漠边缘、开阔平原、低山林缘及农耕区等。主要以甲虫、蝗虫、蟋蟀等各种昆虫为食，也吃植物果实与种子。集群迁飞至繁殖地，在石头堆、崖壁缝隙等处选择巢址，巢呈杯状，主要由枯草茎和草叶构成。繁殖期5—7月，每窝产卵4~6枚，雌鸟孵卵，孵化期14~15天。雏鸟晚成性，经双亲共同喂养14~19天后离巢。

在我国分布于新疆、内蒙古及甘肃，国外分布于欧洲东南部、中亚等地。

| 属 | 粉红椋鸟属 | Pastor |
| 科 | 椋鸟科 | Sturnidae |

- 《中国脊椎动物红色名录》：无危（LC）

白背矶鸫

Monticola saxatilis (Linnaeus, 1766)

属	矶鸫属 Monticola
科	鹟科 Muscicapidae

　　体形略小（17~20 cm）的矶鸫，雌雄羽色相异。雄鸟头、颈、上背、额、喉灰蓝色，上背染白色，两翅黑色，下体锈棕色具鳞状斑；雌鸟体色为棕褐色，下体皮黄色满杂以黑色鳞状斑，尾羽栗褐色。栖息于荒漠低山丘陵、有稀疏植物的山地岩石荒坡、灌丛和草地等。主要以昆虫为食，也吃植物果实和种子。通常营巢于岩壁缝隙和岩石间，巢呈碗状或杯状，主要用枯草茎、草叶、草根等材料构成，内垫有须根和细草茎、动物毛发。繁殖期5—7月，每窝产卵4~6枚，雌鸟孵卵。

　　在我国分布于新疆、青海、宁夏、甘肃、内蒙古、北京以及河北，国外分布于欧洲南部、北非、西亚、中亚等地。

• 《中国脊椎动物红色名录》：无危（LC）

贺兰山岩鹨

Prunella koslowi (Przevalski, 1887)

体形略小（14~16 cm）的岩鹨。头棕褐色，背淡皮黄褐色或沙褐色，具暗色纵纹，两翅暗褐色具白色翅带斑，颏、喉和胸烟灰色或褐色，具窄的白色羽缘，形成明显的鳞状斑，下体乳白色或棕白色微具褐色纵纹。栖息于有沙漠植物分布的高原沙漠、戈壁和半荒漠地带，尤以山区灌丛和农田防护林较常见。主要以昆虫和沙地植物果实与种子为食。性谨慎，常单独或集小群活动，善于在沙枣等灌丛中穿行和藏匿。通常将巢安置在接近地面的高度，每窝产卵4~5枚。

在我国分布于宁夏北部及内蒙古阿拉善左旗，国外见于蒙古国和俄罗斯。

属	岩鹨属	Prunella
科	岩鹨科	Prunellidae

- 《国家重点保护野生动物名录》：Ⅱ级
- 《中国脊椎动物红色名录》：易危（VU）

新疆岩蜥
Laudakia stoliczkana (Blanford, 1875)

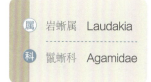

属	岩蜥属 Laudakia
科	鬣蜥科 Agamidae

雄性 140~222 mm，雌性 132~206 mm。体形较大，通体浅褐色；头略呈三角形，鼻孔较小，眼大小适中，耳孔较大，无外耳道，鼓膜位于表面；背腹扁平，背面散以黑褐色细点，腹面带黄白色；四脚健壮，指趾及爪发达；尾圆柱形，有黑褐与浅褐相间环纹。多生活于黄土及黄土沙质荒漠地带，喜于裸露干燥石山上活动，常爬到树干、灌丛或岩壁上觅食。以植食性为主，兼吃少量动物性食物。5 月交配，7 月产卵，每次产卵 6~10 枚，以 8~10 枚较多，卵椭圆形，具革质卵壳，刚产出时乳白色无斑，几天后微黄。9 月上旬见到当年孵出的幼蜥，孵化期 30~45 天。有群聚冬眠现象。

在我国分布于新疆、甘肃，国外分布于蒙古国。

- 《中国脊椎动物红色名录》：无危（LC）
- 《新疆重点保护野生动物名录》：II 级

斑缘豆粉蝶
Colias erate (Esper, 1803)

中型蝶类，翅展 45~55 mm，雄蝶翅正面黄色，前翅中室端斑黑色，前翅外缘有宽黑带，后翅中室端斑橙黄色，翅外缘有较宽的黑边。翅反面斑纹与正面相似。雌蝶翅正面白色，斑纹与雄蝶相似。有的雌蝶个体正面颜色与雄蝶相同，但后翅正面中域散布黑色鳞片。成虫期5—10月，飞行迅速，傍晚时聚集在灌丛上休息。幼虫取食多种豆科植物。

新疆荒漠地区常见的蝶类，栖息于从低地到高山的各种环境。国内仅分布于新疆，国外分布于南欧、中亚及俄罗斯等地。

属	豆粉蝶属	Colias
科	粉蝶科	Pieridae

第四章

砾漠及常见物种

Chapter Four

一、砾漠

　　砾漠又称砾质荒漠，也叫戈壁，是由布满岩石碎块的漠地，经风力的吹送，细小物质多被吹走，使得地表砾石满布，形成砾质或沙砾质荒漠，如内蒙古高原的戈壁、新疆南北疆的山前戈壁就是一种砾质荒漠。砾漠多分布在山前洪积扇或冲积平原，组成物质中含有多量砾石和粗砂，河流在此下切很深，有多级阶地和套生的洪积扇发育而成。砾漠地下水位低，埋藏深度多在20~50 m或更深。

　　砾漠分布区气候干旱，年降水量在200 mm以下，干燥度在20以上，寒暑变化剧烈，气温年较差一般达40 ℃以上，日照丰富，风力强劲；地面组成物质以粗大的砾石或基岩为主，水土极端缺乏，植物极难生长；地面平坦，但也略有起伏，广布微型凹下的侵蚀沟，沟谷内有较好的水土和小气候条件，植物生长亦较好；水源缺乏，属于内陆流域，地表径流稀少（多由区外流入），地下水位较低。局部地区，特别是河流两岸和盆地边缘，有较多的地表水及地下水，为开发利用和改造戈壁提供有利条件；

巴尔鲁克山前砾质荒漠

准噶尔盆地山前冲积扇

土壤肥力较低，土层薄，质地粗，水分和养分缺乏，但盐分含量丰富；植被较沙漠更为稀疏，以灌木、半灌木荒漠和荒漠草原为主，种属较单纯，一般覆盖度多在10%以下，有的地区甚至寸草不生，但局部水分较好的地区植被盖度可达40%以上，是良好的草场。

膜果麻黄群系是灌木荒漠中最大的一个类型，大面积分布于嘎顺戈壁、库鲁克山、天山南麓、帕米尔东麓、昆仑及阿尔金山北麓，小面积见于艾比湖西岸、北岸和北塔山南麓。它多处于山麓洪积扇上，而在干旱的昆仑山和阿尔金山北麓则处于河谷阶地、洪积扇的冲沟中或覆盖沙层的地段上。它适应于砾质石膏棕色荒漠土和砾质石膏灰棕荒漠土，土壤中含有大量可溶性盐和石膏晶体。它在天山南麓也见于前山带石质山坡或碎石坡积物上。膜果麻黄形成的单优势种群落面积最大，几乎到处均有分布，它形成高40~60 cm单一层片；在条件较好的地方可形成高达1~1.5 m的较密集层片。群落总盖度一般为10%左右。群落中伴生植物有泡泡刺、合头草、大花霸王（*Zygophyllum potaninii*）、灌木旋花、盐生草等；膜果麻黄也常与其他一些超旱生灌木或半灌木形成群落，群落内伴生沙拐枣、红砂、合头草、裸果木、短叶假木贼、松叶猪毛菜（*Salsola laricifolia*）、骆驼蓬（*Peganum harmala*）、盐生草及若干种一年生猪毛菜（*Salsola* spp.）等。

霸王为建群种形成群落广布于戈壁区的低山丘陵、低山和山前洪积扇上，面积相当大。总盖度为10%~20%。它在诺敏戈壁和嘎顺戈壁生长矮小，高不过 15~20 cm；但在托克逊西北、和硕—库尔勒一带，因处于山麓洪积扇下部，夏季能接受较多的地表径流水，所以生长高大，可达 1 m 左右。群落种类组成贫乏。群落中伴生植物有灌木旋花、膜果麻黄、短叶假木贼、塔里木沙拐枣、泡泡刺、盐生草，在诺敏戈壁区的低山上还可以见到白皮锦鸡儿（*Caragana leucophloea*）、荒漠锦鸡儿（*C. roborovskyi*）。

泡泡刺群系是典型的荒漠群系，泡泡刺为建群种的荒漠群落处于准平原化的石质残丘、山麓洪积扇和山间平地，以及干河谷中，具有明显的景观作用。它所处的土壤石质性很强，为砾质沙壤质，在泡泡刺植株基部往往形成小沙包，为它的生长发育创造了水分、温度和营养物质等方面的较好小环境。它广泛分布在排水良好的戈壁高原上。这一荒漠群系中分布最广的为泡泡刺单优势种群落。主要分布于西北荒漠区的阿拉善西北部、中央戈壁、塔里木荒漠地区及库米什盆地、嘎顺戈壁、哈密盆地等地区，但在柴达木和西鄂尔多斯数量较少。以上地区的这类荒漠群落占泡泡刺群系总面积的80%，群落总盖度3%~5%。群落种类组成贫乏，伴生植物有膜果麻黄、塔里木沙拐枣、红砂、裸果木、合头草、鹰爪柴、灌木紫菀木等。

红砂群系是分布最广、面积最大的地带性荒漠群系。广泛分布于我国的准噶尔盆地、塔里木盆地、柴达木盆地、中央戈壁及阿拉善等地区。广泛而大面积地分布于山麓淤积平原，并能延伸到大沙漠边缘的沙丘间平地上。红砂在群落中形成高35~70 cm的建群层片，它在积沙处能生长到 1 m 的高度。群落总盖度5%~10%。群落种类组成极贫乏。偶尔在积沙处见到伴生植物泡泡刺、膜果麻黄；土壤为砾质性很强的石膏棕色荒漠土，地表石块占50%以上，从属层片则由膜果麻黄或泡泡刺所形成，群落总盖度15 %左右，群落种类组成简单，伴生植物有裸果木、合头草、盐生草、刺沙蓬；红砂与耐盐潜水超旱生灌木形成的群落总盖度达9%~12%，群落中的伴生植物有多枝柽柳、松叶猪毛菜、戈壁藜、无叶假木贼。轻度盐碱环境中伴有囊果碱蓬、红砂与圆叶盐爪爪形成高20 cm左右的层片，群落总盖度7%~10%。群落种类组成比较简单，伴生植物有霸王、合头草、松叶猪毛菜、猫头刺（*Oxytropis aciphylla*）、多种葱（*Allium* spp.）、

松叶猪毛菜灌丛

红砂群系

沙生针茅（*Stipa glareosa*）等。

　　砾质荒漠夏季炎热、冬季严寒、地势平坦开阔，植被稀疏且分布及盖度极不均匀，隐蔽和食物条件恶劣。以爬行类、有蹄类、啮齿类、荒漠鸟类占主导，对荒漠干旱贫瘠的生境有着特殊的生理生态适应能力，啮齿类穴居生活，冬眠种类居多；有蹄类善

蒙古野驴

于奔跑，游荡觅食；鸟类具保护色，与环境颜色相适应。代表性物种有驰骋戈壁荒滩的"三驾马车"：鹅喉羚、野马、蒙古野驴，以及戈壁荒滩草原上的"吉祥三鸨"：大鸨、小鸨（*Tetrax tetrax*）、波斑鸨。

二、常见物种

荒漠拟橙衣
Fulgensia desertorum (Tomin) Polet.

属	拟橙衣属 Fulgensia A. Massal. & De Not.
科	黄枝衣科 Teloschistaceae

地衣体呈淡黄色至土黄橙色的、莲座状的壳状，整个裂片表面凸起并较粗糙，长度为0.3~0.5 cm、宽度为0.6~1.4 mm，地衣体表面由死细胞组成，被淡黄色粉霜覆盖，地衣体上皮层发育不完整，藻胞层细胞不连续，子囊盘盘面凸起、枣红色至深橘红色、直径0.8~1.4 mm、具宿存的薄果壳，子囊内具微长椭圆形的、微哑铃形双胞的8个孢子。

本种多数生长在较硬化的棕色钙质性土壤及凝固的固定山丘土中的稀生草皮或者较稳定的生物结皮表面上。

在我国分布于新疆，北半球的干旱荒漠地带均有分布。

双孢蘑菇

Agaricus bisporus (J. E. Lange) Imbach

属	蘑菇属	Agaricus L.
科	伞菌科	Agaricaceae

籽实体中等大。菌盖直径5~12 cm，初半球形，后平展，白色，光滑，略干，渐变淡黄色，边缘初期内卷。菌肉白色，厚，具蘑菇特有的气味。菌肉初粉红色，后变褐色至黑褐色，离生，密，窄，不等长。菌柄长4.5~9 cm，直径1.5~3.5 cm，近圆柱形，白色，光滑，具丝光，内部松软或中实。菌环白色，膜质，单层，生菌柄中部，易脱落。孢子褐色，光滑，椭圆形，（6~8.5）μm×（5~6）μm。

多生于春、夏、秋三季，生于沙砾质草地、牧场和堆肥处。

在我国分布于新疆、四川、西藏等地，欧洲、北美洲、非洲和大洋洲等地也有分布。

双孢蘑菇可食用，味道鲜美；可药用；还可利用蘑菇菌丝体生产蛋白质、草酸和菌糖等物质。

戈壁卵石衣
Pleopsidium gobiense (H. Magn.) Hafellner

属	金卵石衣属 Pleopsidium L.
科	微孢衣科 Acarosporaceae

　　地衣体边缘莲座状、中部龟裂状，中部的龟裂片生长无规则以及有棱角，地衣体亮蛋黄色、微黄绿色、深黄色疣状，中部裂片具有深浅和微长短的裂纹、表面不光滑，往边缘生长的裂片长而整齐、光泽且光滑、裂片边缘顶端有1~4分权小裂片，裂片长1.1~3.5 mm、宽0.3~1.6 mm，藻层发育不均匀，厚度可达150 μm。近圆形子囊盘每一个龟裂上几乎单生，囊盘幼时点状，成熟后平展，盘缘明显与盘面几乎一样高，盘面微深土黄色、光滑或有细纹，直径为0.3~1.5 mm，阔椭圆形子囊孢子透明，无色。

　　生长于花岗岩、硅质岩、砂石岩、鹅卵石等岩石表面上。

　　在我国分布于新疆、甘肃、内蒙古、青海，北半球均有分布。

荒漠黄梅
Xanthoparmelia desertorum (Elenkin) Hale

原叶体叶状，游离生长于土壤上，裂片弯扭，坚韧，阔2~5 cm，破离；裂片卷曲，暗黄绿色；裂片亚线形，宽2~8 mm，很少分枝，上表面连续至具微弱白斑，无光泽，随年龄而强烈皱缩，没有粉芽和裂芽。髓层白色，下表面淡棕色并强烈往内卷曲呈筒状，不卷曲时没有边缘，假根乳头状至短细，较短到中等，单一不分枝，长0.1~0.2 mm，子囊盘及分生孢子器罕见。

游离生长在老风口或者常低速刮风地带的石子地表面或者土壤表面。

在我国分布于新疆，俄罗斯和蒙古国也有分布。

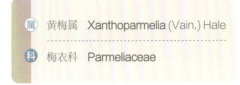

属	黄梅属	Xanthoparmelia (Vain.) Hale
科	梅衣科	Parmeliaceae

膜翅麻黄

Ephedra przewalskii Stapf

属	麻黄属	Ephedra L.
科	麻黄科	Ephedraceae

灌木，高20~100 cm，基部直径约1 cm；皮灰白色或淡灰黄色，细纤维状裂。基部多分枝；前年以上的老枝淡灰色或淡黄色；当年生枝淡绿色，末端常呈"之"字形弯曲或蜷曲。雄球花无梗，密集成团伞花序，淡褐色或淡黄褐色；苞片边缘具宽膜质翅。雌球花幼时淡绿褐色或淡红褐色，成熟时苞片增大，成淡棕色、干燥、半透明的薄膜片。花期5—6月，果期7—8月。

强旱生植物，常生于干燥沙漠地区及干旱山麓，多沙石的盐碱土也能生长，是干旱荒漠区植被的主要建群种，在水分稍充足的地区常组成大面积的群落，或与梭梭、沙拐枣等旱生植物混生。

在我国分布于新疆、内蒙古、宁夏、甘肃、青海，蒙古国、哈萨克斯坦、塔吉克斯坦也有分布。

中麻黄
Ephedra intermedia Schrenk ex Mey.

属	麻黄属	Ephedra L.
科	麻黄科	Ephedraceae

灌木；高0.2~1 m；茎直立或匍匐斜上，基中分枝多；绿色小枝常被白粉而呈灰绿色，节间长3~6 cm，直径1~2 mm，纵槽纹较细浅；叶3（2）裂，2/3以下合生，裂片钝三角形或窄三角状披针形；雄球花通常无梗，数个密集于节上成团状，稀2~3个对生或轮生于节上；雌球花2~3成簇，对生或轮生于节上，苞片3~5，通常仅基部合生，边缘常有膜质窄边，最上部有2~3朵雌花，胚珠的珠被管长达3 mm，呈螺旋状弯曲，成熟时苞片增大成肉质红色；种子包于肉质红色苞片内，不外露，3粒或2粒，卵圆形或长卵圆形，长5~6 mm；花期5—6月，种子7—8月成熟。

生长于砾质低山坡或沙砾质荒漠上。

在我国分布于西北地区、辽宁、河北、山东、山西、陕西，国外分布于阿富汗、伊朗和俄罗斯。

供药用。肉质多汁的苞片可食。

- 《国家重点保护野生植物名录》：Ⅱ级
- 《世界自然保护联盟濒危物种红色名录》（IUCN）：近危（NT）

泡果沙拐枣
Calligonum junceum (Fisch. et Mey.) Litv.

屬	沙拐枣属	Calligonum L.
科	蓼科	Polygonaceae

灌木；高40~120 cm。多分枝，老枝黄灰色或淡褐色，呈"之"字形拐曲，幼枝灰绿色；叶线形；花常2~4朵，生叶腋；花鲜时白色，干后淡黄色。托叶鞘膜质，淡黄色；花簇生叶腋；花梗长3~5 mm，中下部具关节；花被片宽卵形，白色，背部绿色；瘦果椭圆形，不扭转，肋较宽，每肋具3行刺，刺密，柔软，外包薄膜呈泡果状，近球形或宽椭圆形，长0.9~1.2 cm，直径0.7~1 cm，黄褐或红褐色；花期4—6月，果期5—7月。

生长于荒漠的固定沙地和沙丘、砾质戈壁、洪积扇，海拔300~800 m。在我国分布于新疆、内蒙古，蒙古国和哈萨克斯坦也有分布。

泡果沙拐枣枝叶幼嫩时家畜采食。全株是防风固沙的优良植物。

小沙拐枣
Calligonum pumilum A. Los.

灌木，通常高30~50 cm；老枝淡灰色或淡黄灰色；幼枝灰绿色，节间长1~3.5 cm；花被片淡红色，果期反折；果（包括刺）宽椭圆形，长7~12 mm，宽6~8 mm；瘦果长卵形，扭转，肋突出，沟槽深；每肋刺1行，纤细，毛发状，质脆，易折断，基部分离，中下部2~3次分杈；果期5—6月。

生长于海拔700~1500 m的新疆东部沙砾质荒漠，为我国特有种。

| 属 | 沙拐枣属 Calligonum L. |
| 科 | 蓼科 Polygonaceae |

无叶假木贼
Anabasis aphylla L.

| 属 | 假木贼属 Anabasis L. |
| 科 | 藜科 Chenopodiaceae |

半灌木，高15~35 cm，少数可达50 cm。木质茎分枝，小枝黄灰色或灰白色。叶极不明显，鳞片状，先端无刺状尖头。花小，1~3朵生叶腋，穗状花序松散顶生；花被片果实聚翅。胞果直立，近圆球形，暗红色。花期8—9月，果期9—10月。

生长于海拔330~1900 m的广大平原地区、山麓洪积扇和低山干旱山坡的砾质荒漠及干旱盐化荒漠。

在我国分布于新疆、甘肃，欧洲及中亚也有分布。在古尔班通古特沙漠可形成单优群落。

该种的幼枝含多种生物碱，主要成分为毒藜碱，对昆虫有触杀、胃毒和熏杀的作用，是良好的农药原料。

白垩假木贼
Anabasis cretacea Pall.

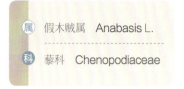

株高5~10（15）cm。木质茎退缩的肥大茎基褐色至暗褐色，有密茸毛。从茎基发出的幼枝多条，黄绿色或灰绿色，直立，不分枝，具关节，鲜时近圆柱状，干后钝四棱形，平滑。叶极退化，鳞片状，先端钝，无刺状尖头。花单生叶腋；外轮3片花被片宽椭圆形，果期具翅，翅膜质，鲜时淡红色，干后红黄褐色。胞果暗红色或橙黄色。花果期8—10月。

耐旱，生长于海拔580~1540 m的洪积扇及低山的砾质荒漠及半荒漠。

在我国分布于新疆准噶尔盆地。

属	假木贼属　Anabasis L.
科	藜科　Chenopodiaceae

驼绒藜

Krascheninnikovia ceratoides (Linnaeus) Gueldenstaedt

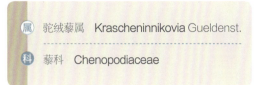

属	驼绒藜属	Krascheninnikovia Gueldenst.
科	藜科	Chenopodiaceae

灌木；茎直立，高20~120 cm。茎、枝密被星状毛。单叶互生，具短柄，叶片条形、条状披针形、披针形或矩圆形，先端钝或急尖，基部渐狭、楔形或圆形，全缘，叶脉背腹两面密被星状毛。雄花序短而紧密；雌花管侧扁，椭圆形或倒卵形，角状裂片较长，其长为管长的1/3到近等长，果期外具4束长毛。果直立，椭圆形，被毛。花期6—7月，果期8—9月。

生长于草原、荒漠草原和荒漠区的砾石戈壁、碎石山坡以及沙砾质荒漠、河滩沙地，海拔200~1200 m。

在我国分布于新疆、西藏、青海、甘肃和内蒙古，国外分布较广，在整个欧亚大陆的干旱地区均有分布。

本种常组成单优群落，是灌木荒漠的主要组成植物。驼绒藜为富有营养价值的作物，含有较高的粗蛋白质、钙及无氮浸出物，为中上等饲用灌木。

戈壁藜
Iljinia regelii (Bge.) Korov

半灌木；高20~50 cm。老枝灰白色，通常具环状裂缝；当年生枝灰绿色，圆柱形，具微棱。叶肉质，近棍棒状，先端钝，基部下延，叶腋具绵毛。花无柄，单生叶腋；小苞片背面中部肥厚并隆起，具膜质边缘；花被片背面的翅半圆形，干膜质。胞果半球形，果皮稍肉质，黑褐色。种子横生，黄褐色。花果期7—9月。

生长于海拔500~1600 m砾石戈壁、洪积扇、沙丘及干燥山坡等处。

在我国分布于新疆、内蒙古、甘肃，蒙古国及俄罗斯、哈萨克斯坦也有分布。

本种是西北温带半灌木荒漠的重要建群种，常以单优势种形成较大面积的戈壁藜群落。

属	戈壁藜属 Iljinia Korov.
科	藜科 Chenopodiaceae

木地肤

Kochia prostrata (L.) Schrad.

属　地肤属　Kochia Roth

科　藜科　Chenopodiaceae

半灌木；高20~60（80）cm。根粗壮。基部的木质茎灰褐色或带黑褐色，多分枝。叶互生，又常数片集聚集腋生于短枝而呈簇生状。条形，全缘无柄，两面有稀疏绢毛。花两性；花被有密绢毛。花被片卵形或矩圆形，先端钝，内弯，果期变革质，背部具翅；翅膜质，具紫红色或黑褐色脉，边缘具不整齐的圆锯齿或为啮蚀状。胞果扁球形。种子横生，近球形，黑褐色。花期7—8月，果期9月。

生长于海拔430~1680 m的干旱山坡、前山丘陵，洪积扇砾质荒漠。

在我国分布于西北地区、华北地区、东北地区及西藏，欧洲、中亚也有分布。

在荒漠草原和草原化荒漠地带常成为群落的重要伴生种，并能形成层片。荒漠地区的优良牧草，各类牲畜均喜食。

梭梭
Haloxylon ammodendron (C. A. Mey.) Bge.

灌木或小乔木，高1~6 m，树冠通常近半球形。老枝淡黄褐色或灰褐色，通常具环状裂隙；幼枝通常较白梭梭稍粗，往往斜生，具关节。叶退化为鳞片状，宽三角形，稍开展，基部连合，边缘膜质，先端钝或尖（但无芒尖），腋间具绵毛；花单生叶腋，排列于当年生短枝上；花被片5，矩圆形，背部生翅状附属物，翅膜质，褐色至淡黄褐色；胞果黄褐色；种子黑色，胚陀螺状。花期6—8月，果期8—10月。

生长于海拔450~1600 m的广大山麓洪积扇和淤积平原、固定沙丘、沙地、沙砾质荒漠、砾质荒漠、轻度盐碱土荒漠。

在我国分布于新疆、内蒙古、宁夏、甘肃、青海，中亚、俄罗斯也有分布。

在沙漠地区常形成大面积纯林，有固定沙丘的作用；木材可做燃料。

属　梭梭属　**Haloxylon** Bge.

科　藜科　Chenopodiaceae

合头草
Sympegma regelii Bge.

属	合头草属 Sympegma Bge.
科	藜科 Chenopodiaceae

茎直立，通常高20~70 cm。老枝黄白色至灰褐色，通常有纵条裂；当年生枝灰绿色，略有乳头状凸起，具多数腋生小枝；小枝有1节，基部具关节，易断落。叶互生，先端急尖，基部收缩。花两性，1~3朵簇生于小枝的顶端，花簇下通常具1对基部合生的苞状叶，状如头状花序。胞果淡黄色。种子黄绿色。花果期7—10月。

生长于海拔1200~2100 m的洪积扇砾质荒漠、轻度盐化荒漠及山地干旱荒漠。在我国分布于新疆、青海、甘肃、宁夏，俄罗斯、哈萨克斯坦、蒙古国也有分布。

为荒漠、半荒漠地区的优良牧草。

珍珠猪毛菜
Salsola passerina Bunge

半灌木，高15~30 cm，植株密生"丁"字毛；老枝木质，伸展；小枝草质，黄绿色，短枝缩短成球形；叶片锥形或三角形，长2~3 mm，宽约2 mm，顶端急尖，基部扩展；花序穗状；苞片卵形，顶端尖，两侧边缘为膜质；花被片长卵形，背部近肉质，边缘为膜质，果期自背面中部生翅膜质，黄褐色或淡紫红色，花被果期（包括翅）直径7~8 mm，花被片在翅以上部分，生"丁"字毛，向中央聚集成圆锥体，在翅以下部分，无毛；花药矩圆形，自基部分离至近顶部；柱头丝状；种子横生或直立。花期7—9月，果期8—9月。

生长于荒漠和荒漠草原的砾石质和沙砾质戈壁、山坡及盐湖盆地。为砾石戈壁荒漠植物群落的建群种之一。

在我国分布于甘肃、宁夏、青海及内蒙古，蒙古国也有分布。

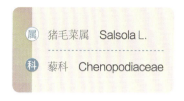

| 属 | 猪毛菜属 | Salsola L. |
| 科 | 藜科 | Chenopodiaceae |

紫翅猪毛菜
Salsola affilis C. A. Mey.

属	猪毛菜属 Salsola L.
科	藜科 Chenopodiaceae

一年生草本；高10~30 cm，基部的枝近对生，密生柔毛，有时毛脱落；叶互生，下部的叶近对生，叶片半圆柱状，密生短柔毛，顶端钝，基部稍扩展，不下延；花序穗状；苞片宽卵形，边缘膜质，短于小苞片；小苞片卵形，短于花被；花被片披针形，膜质，端尖，果期自背面中下部生翅；翅3个，为肾形，膜质，紫红色或暗褐色，花被果期（包括翅）直径5~10 mm；花被片在翅以上部分向中央聚集，形成圆锥体；柱头与花柱近等长或略超过；种子横生有时为直立；花期7—8月，果期8—9月。

生长于山前砾质荒漠、龟裂地、多石的黏土丘陵、低山带的盐碱地，常成片出现，秋天形成一片片紫色景观。

在我国分布于新疆，俄罗斯及中亚也有分布。

刺叶

Acanthophyllum pungens (Ledebour) Boissier

亚灌木状草本；高15~35 cm；茎丛生，基部分枝，常呈圆球状，被短茸毛；叶平展或反折，叶片锥状针形，长2~4 cm，宽1~1.5 mm，被稀疏短茸毛，从叶腋生出针刺状不育短枝；伞房花序或头状花序顶生；花梗极短；苞片叶状，上部常反折，被毛；花萼筒状，有时呈红色，被白色短柔毛，纵脉5条，萼齿顶端锥刺状，边缘下部膜质，具缘毛；花瓣红色或淡红色，椭圆状倒披针形，长约12 mm，宽1.52 mm，瓣片顶端圆钝；雄蕊明显外露，长达14 mm，花丝无毛；子房具4颗胚珠；花柱明显外露；花期6—8月。

生长于海拔600~1400 m的多砾石山坡或沙砾质沙地。常成片状分布，构成群落中的优势种。

在我国分布于新疆，蒙古国和哈萨克斯坦也有分布。

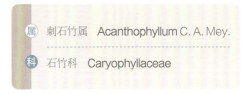

属 刺石竹属　Acanthophyllum C. A. Mey.

科 石竹科　Caryophyllaceae

准噶尔铁线莲
Clematis songarica Bge.

属	铁线莲属　Clematis L.
科	毛茛科　Ranunculaceae

直立小灌木，高40~120 cm。枝有棱。单叶对生或簇生；叶片薄革质，长圆状披针形，狭披针形至披针形，顶端锐尖或钝，基部渐成柄，叶分裂程度变异较大，茎下部叶子从全缘至边缘整齐的短齿，茎上部叶子全缘、边缘锯齿裂至羽状裂；两面无毛。花序为聚伞花序或圆锥状聚伞花序，顶生；萼片白色或淡黄色。瘦果略扁，卵形或倒卵形，密生白色柔毛，宿存花柱长2~3 cm。花期6—7月，果期7—8月。

生长于荒漠低山麓前洪积扇、石砾质冲积堆以及荒漠河岸。

在我国分布于新疆，蒙古国、俄罗斯、中亚也有分布。

庭荠

Alyssum desertorum Stapf.

属 庭荠属 Alyssum L.

科 十字花科 Brassicaceae

　　一年生草本；高达20 cm；茎直立，不分枝或基部分枝，密被星状毛；叶线状长圆形或线形，长0.5~3 cm，先端钝，基部渐窄成楔形，全缘，密被星状毛；总状花序顶生；萼片长圆形，长约1.5 mm，背面被星状毛及分枝毛；花瓣淡黄色，长圆状楔形，长2.5~3 mm；长雄蕊花丝基部稍宽，短雄蕊花丝基部有先端2裂的附片；短角果近圆形，无毛，直径约3 mm；果瓣凸起，先端微凹；花柱宿存，每室2种子；种子椭圆形，有窄边，褐色，长约1 mm；花果期4—6月。

　　早春短生植物。生于碎石山坡、砾石戈壁、路边。

　　在我国分布于新疆，俄罗斯、蒙古国、中亚、欧洲也有分布。

扭果花旗杆
Dontostemon elegans Maxim.

属 花旗杆属　Dontostemon Andrz. ex Ledeb.

科 十字花科　Brassicaceae

多年生旱生草本，簇生；高15~40 cm；根粗壮，木质化；茎下部黄白色，有光泽，少叶；上部叶互生，常密集，肉质，宽披针形至宽线形，长1.5~4 cm，宽2~10 mm，全缘，顶端渐尖，基部下延，近无柄；叶幼时具白色长柔毛，老时近无毛；总状花序顶生，具多花；萼片长椭圆形至宽披针形，长5~7 mm，宽1~3 mm，边缘膜质；花瓣蓝紫色至玫瑰红色，倒卵形至宽楔形，长8~15 mm，宽2~3 mm，具紫色脉纹，顶端钝圆，基部下延成宽爪；长角果光滑，带状，长3~5 cm，宽约2 mm，压扁，扭曲或卷曲，中脉显著；种子宽椭圆形具膜质边缘。花期5—7月，果期6—9月。

生长于海拔1000~1500 m的沙砾质戈壁滩、荒漠、洪积平原、山间盆地及干河床沙地。

在我国分布于新疆及甘肃，哈萨克斯坦、蒙古国、俄罗斯也有分布。

准噶尔离子芥
Chorispora soongarica Schrenk

一年生或多年生草本，高8~20 cm，被腺毛与少数长单毛。叶多基生，具柄，长2~5（14）cm，宽4~10 mm，羽状深裂到全裂，裂片卵状三角形至长圆形；茎生叶与基生叶相似；花序花期密集，果期极为伸长成总状；萼片条状长圆形，长4~5 mm，边缘白色膜质，顶端有少数长单毛，内轮基部成囊状；花瓣黄色，前端有缺刻，长10~15 mm，瓣片宽卵形，基部具爪；花药条形。长角果念珠状，向上作镰状弯曲，长1.5~2.5 cm，喙长3~8 mm。种子椭圆形，长1~1.2 mm，淡褐色。

生长于平原到中山带的平地、沙砾质地、路边。

在我国分布于新疆。

属	离子芥属	Chorispora R. Br. ex DC.
科	十字花科	Brassicaceae

二裂委陵菜
Potentilla bifurca L.

属 委陵菜属 Potentilla L.

科 蔷薇科 Rosaceae

多年生草本或亚灌木；基生叶羽状复叶，有5~8对小叶，最上面2~3对小叶基部下延与叶轴贴合，连叶柄长3~8 cm，叶柄密被疏柔毛和微硬毛。小叶无柄，对生，稀互生，椭圆形或倒卵状椭圆形，长0.5~1.5 cm，先端2（3）裂，基部楔形或宽楔形，两面贴生疏柔毛；下部叶的托叶膜质，褐色，被微硬毛或脱落几无毛；上部茎生叶的托叶草质，绿色，卵状椭圆形，有齿或全缘；花茎直立，高达20 cm，被疏柔毛或硬毛；瘦果光滑。花果期5—9月。

生长于800~4500 m的干旱草原、碎石山坡、河滩地、平原荒地。

本种分布较广，在我国分布于西北、华北、东北，蒙古国、俄罗斯、朝鲜也有分布。

本种植物幼芽密集簇生，形成红紫色的垫状丛，内蒙古俗称"地红花"，可入药，又为中等饲料植物，羊与骆驼均喜食。

小檗叶蔷薇
Rosa berberifolia Pall.

矮小灌木，高20~40 cm。枝条黄褐色，粗糙，无毛，嫩枝黄色，光滑；皮刺黄色，散生或成对生于叶片基部，弯曲或直立，有时混有腺毛。单叶互生，革质，无柄无托叶。花单生；花瓣黄色，基部有紫色斑点，倒卵形，比萼片稍长。果实近球形，紫褐色，无毛，密被针刺，萼片宿存。花期5—6月，果期7—9月。

生长于干旱砾质荒地及碎石地。

在我国分布于新疆，中亚及俄罗斯也有分布。

属	蔷薇属	Rosa L.
科	蔷薇科	Rosaceae

- 《国家重点保护野生植物名录》：Ⅱ级
- 《新疆维吾尔自治区重点保护野生植物名录》：Ⅰ级

蒙古扁桃
Prunus mongolica (Maxim.) Ricker

属 李属 Prunus L.

科 蔷薇科 Rosaceae

灌木；高达2 m；小枝顶端成枝刺；短枝叶多簇生，长枝叶互生叶宽椭圆形、近圆形或倒卵形，先端钝圆，有浅钝锯齿；花单生数朵簇生短枝上；萼筒钟形，长3~4 mm，无毛，萼片长圆形，与萼筒近等长，顶端有小尖头；花瓣粉红色，倒卵形；子房被柔毛，花柱细长，几与雄蕊等长，具柔毛；核果宽卵圆形，径约1 cm，顶端具尖头，外面密被柔毛；果肉薄，熟时开裂，基部两侧不对称；种仁扁宽卵圆形，浅棕褐色。花期5月，果期8月。

生长于荒漠区和荒漠草原区的低山丘陵坡麓、石质坡地及干河床，海拔1000~2400 m。

在我国分布于内蒙古、甘肃、宁夏，蒙古国也有分布。

蒙古扁桃对研究亚洲中部干旱地区植物区系有一定的科学价值。种仁含油率约为40%，其油可供食用，种仁还可入药。

- 《国家重点保护野生植物名录》：Ⅱ级
- 《世界自然保护联盟濒危物种红色名录》（IUCN）：易危（VU）

绵刺
Potaninia mongolica Maxim.

小灌木；高达 40 cm，各部有长绢毛；地下茎粗壮；复叶具 3 或 5 小叶，稀 1 小叶；小叶披针状椭圆形，长约 2 mm，宽 0.5 mm，先端尖；叶柄坚硬，长 1~1.5 mm，成刺状宿存，托叶卵形，透明，贴生叶柄；花单生叶腋，径约 3 mm，各部疏生长绢毛；花梗长 3~5 mm；苞片卵形，宿存；萼筒漏斗状，萼片三角形，长约 1.5 mm；花瓣 3，卵形，宽约 1.5 mm，白或淡粉红色；雄蕊 3，与花瓣对生，花丝短于花瓣，花药背着；心皮 1，子房上位，密生绢毛；瘦果长圆形，长约 2 mm，熟时淡黄色，有毛，萼筒宿存；种子 1，长圆形；花期 6—9 月，果期 8—10 月。

生长于沙质荒漠中，强度耐旱也极耐盐碱。

在我国分布于内蒙古，蒙古国也有分布。

稀有种。绵刺分布区狭小，由于过度放牧和任意樵采，处于日益衰退的状态。

• 《国家重点保护野生植物名录》：Ⅱ级

| 属 | 绵刺属 | Potaninia Maxim. |
| 科 | 蔷薇科 | Rosaceae |

镰荚苜蓿
Medicago falcata L.

属	苜蓿属 Medicago L.
科	豆科 Fabaceae

多年生草本。茎高30~60 cm，铺散或外倾，很少直立，被柔毛，多分枝。托叶披针形或条状披针形，边缘有锯齿，很少全缘；小叶倒披针形、倒卵形或条形，长8~15 mm，宽2~4 mm，上部具细锯齿，基部楔形。总状花序顶生或上部枝腋生；总花梗长2~4 cm，被柔毛；花12~20朵；花梗长1~3 mm；萼筒钟形，齿与萼近等长；花冠黄色，长7~8（10）mm，旗瓣椭圆形或矩圆形，近无爪，翼瓣及龙骨瓣较短。荚果镰形弯曲，长10~12（14）mm，宽2~3 mm，被伏生短柔毛。种子5~10粒。花果期6—8月。

生长于山前砾质荒漠或石质山坡。

在我国分布于新疆、内蒙古、甘肃、青海，欧洲、中亚等地也有分布。

本变种适应能力强，耐寒抗旱，耐盐碱，抗病虫害，是营养价值很高的野生牧草。

猫头刺

Oxytropis aciphylla Ldb.

垫状矮小半灌木，高8~20 cm。根粗壮，根系发达。茎多分枝，开展，全体呈球状植丛。偶数羽状复叶；叶轴宿存，木质化，下部粗壮，先端尖锐，呈硬刺状，密被伏贴绢状柔毛；小叶4~6，对生，线形或长圆状线形，先端渐尖，具刺尖，边缘常内卷，两面密被伏贴白色绢状柔毛和不等臂的"丁"字毛。1~2花组成腋生总状花序；花冠红紫色、蓝紫色以至白色。荚果硬革质，长圆形，密被白色伏贴柔毛，膈膜发达，不完全2室。种子圆肾形，深棕色。花期5—6月，果期6—7月。

生长于砾石质平原、薄层沙地、荒漠草原、丘陵坡地及沙荒地上。海拔1000~3900 m。

在我国分布于新疆、内蒙古、青海、甘肃、宁夏、四川、西藏、陕西、山西、河南和湖北。

属	棘豆属	Oxytropis DC.
科	豆科	Fabaceae

长尾黄芪
Astragalus alopecias Pall.

属	黄芪属　Astragalus L.
科	豆科　Fabaceae

多年生草本，全株密被开展白色长柔毛；高35~90 cm，生短枝；羽状复叶有31~45片小叶，长15~25 cm；托叶三角状披针形，膜质；小叶近对生，密被白色柔毛；总状花序呈圆柱状，长5~15 cm，有多数花；花萼钟状，长1.5~1.8 cm，微膨胀，萼齿披针形或宽砧形，与萼筒近等长；花冠淡紫色，宿存，旗瓣宽倒卵形，瓣柄稍短于瓣片，翼瓣较旗瓣稍短，龙骨瓣较翼瓣稍短，基部均与花丝鞘连合；子房无柄；荚果卵形，长7~10 mm，侧扁，被白色柔毛。花期5—6月，果期6—7月。

生长于低山带砾质山坡。

在我国分布于新疆，中亚及阿富汗、伊朗也有分布。

红花岩黄芪

Hedysarum montanum B. Fedtsch.

<table>
<tr><td>属</td><td>岩黄芪属　Hedysarum L.</td></tr>
<tr><td>科</td><td>豆科　Fabaceae</td></tr>
</table>

半灌木或仅基部木质化而呈草本状，高可达80 cm，茎直立，多分枝，托叶卵状披针形，棕褐色干膜质，叶轴被灰白色短柔毛；小叶片阔卵形、卵圆形，上面无毛，下面被伏贴短柔毛。总状花序腋生，花序被短柔毛；花朵外展或平展，疏散排列，果期下垂，苞片砧状，花梗与苞片近等长；萼斜钟状，萼齿砧状或锐尖，花冠紫红色或玫瑰状红色，旗瓣倒阔卵形，子房线形，荚果通常2~3节，被短柔毛，两侧稍凸起，具细网纹，网结通常具不多的刺，边缘具较多的刺。花期6—8月，果期8—9月。

生长于荒漠地区的砾石质洪积扇、河滩，草原地区的砾石质山坡及干燥山坡和砾石河滩。

在我国分布于新疆、内蒙古、四川、西藏、青海、甘肃、宁夏、陕西、山西、河南和湖北。

红花岩黄芪根及根状茎可药用。

西藏牻牛儿苗

Erodium tibetanum Edgew.

> 属　牻牛儿苗属　Erodium L'Hér. ex Aiton
>
> 科　牻牛儿苗科　Geraniaceae

一年生或二年生草本。高2~6 cm。茎短缩不明显或无茎；叶丛生，具长柄；叶片卵形或宽卵形，羽状深裂或浅裂，裂片边缘具不规则钝齿，有时下部裂片二回齿裂，表面被短柔毛，背面被毛较密；总花梗多数，基生，长6~20 mm，被短柔毛，每梗具1~3花或通常为2花；萼片先端钝圆，具短尖头，密被灰色糙毛；花瓣紫红色，或粉白色，倒卵形，长为萼片的2倍；雄蕊中部以下扩展成狭披针形；雌蕊密被糙毛。蒴果长1.5~2.5 cm。被短糙毛，内面基部被红棕色刚毛；种子平滑。花期7—8月，果期8—9月。

生长于海拔1200~4300 m的沙砾质河滩，沿山麓沙壤质潮湿冲积扇边缘。

在我国分布于新疆、内蒙古、西藏。

骆驼蓬

Peganum harmala L.

> 属　骆驼蓬属　Peganum L.
>
> 科　蒺藜科　Zygophyllaceae

多年生草本，无毛。根多数，粗达2 cm。茎高30~70 cm，直立或开展，由基部多分枝，叶互生，卵形，全裂为3~5条形或条状披针形裂片，长1~3.5 cm，宽1.5~3 mm。花单生枝端，与叶对生；萼片5，裂片条形，长1.5~2 cm，有时仅顶端分裂；花瓣黄白色，倒卵状矩圆形，长1.5~2 cm，宽6~9 mm；雄蕊15，花丝近基部宽展；子房3室，花柱3。蒴果近球形。种子三棱形，黑褐色，被小疣状凸起。

生长于荒漠地带干旱草地、绿洲边缘轻盐渍化荒地、土质低山坡。

在我国分布于新疆、宁夏、内蒙古、甘肃、西藏，蒙古国、伊朗、印度、中亚、非洲也有分布。

种子可做红色染料；榨油可供轻工业使用；全草入药用，又可做杀虫剂。叶子揉碎能洗涤泥垢，代肥皂用。

四合木

Tetraena mongolica Maxim.

属	四合木属　Tetraena Maxim.
科	蒺藜科　Zygophyllaceae

　　落叶灌木；高达90 cm；小枝密被白色"丁"字毛；2小叶对生或簇生短枝；小叶2，肉质，倒披针形，长3~8 mm，宽1~3 mm，先端圆钝，具刺尖，密被"丁"字毛，无柄；托叶卵形，膜质；花1~2朵着生短枝；萼片4，卵形或椭圆形，长约3 mm，被"丁"字毛，宿存；花瓣4，椭圆形或近圆形，长约2 mm，白色，具爪，爪长约1.5 mm；雄蕊8，2轮，外轮较短，花丝近基部具白色膜质附属物；具花盘，子房4深裂，4室，被毛，花柱丝状，着生子房近基部；果下垂，具4个不裂的分果爿，分果爿长6~8 mm，直径3~4 mm；种子镰刀形，淡黄色，长5~6 mm，被小瘤；无胚乳。花期5—6月，果期7—8月。

　　生长于草原化荒漠黄河阶地、低山山坡。

　　在我国分布于内蒙古、宁夏，俄罗斯、乌克兰也有零星分布。

　　最具代表性的古老残遗濒危珍稀植物，被誉为植物的"活化石"和植物中的"大熊猫"。

- 《国家重点保护野生植物名录》：Ⅰ级

大花霸王
Zygophyllum potaninii Maxim.

属	霸王属　Zygophyllum L.
科	蒺藜科　Zygophyllaceae

多年生草本；高达25 cm；茎直立或开展；托叶草质，卵形，连合，边缘膜质，叶柄长3~6 mm，叶轴具窄翅；小叶1~2对，斜倒卵形、椭圆形或近圆形，长1~2.5 cm，宽0.5~2 cm，肥厚；花2~3朵腋生，下垂；花梗短于萼片；萼片倒卵形，稍黄色，长0.6~1.1 cm；花瓣白色，下部橘黄色，匙状倒卵形，短于萼片；雄蕊长于萼片，鳞片条状椭圆形，长为花丝之半；蒴果下垂，近球形，长1.5~2.5 cm，径1.5~2.6 cm，具5翅，翅宽5~7 mm；种子斜卵形。花期5—6月，果期6—8月。

生长于砾质荒漠、石质低山坡，极耐干旱。

在我国分布于内蒙古、甘肃、新疆，中亚、蒙古国也有分布。

粗茎霸王
Zygophyllum loczyi Kanitz.

属	霸王属　Zygophyllum L.
科	蒺藜科　Zygophyllaceae

一年生或二年生草本。高5~25 cm，由基部多分枝。托叶膜质或草质，离生，三角状，茎基部的托叶有时结合为半圆形；叶柄常短于小叶，具翼；小叶在茎上部常为1对，下部为2（3）对，椭圆形或歪倒卵形，长6~26 mm，宽4~15 mm，先端圆钝。花常2朵或1朵生于叶腋；花梗长2~6 mm；萼片椭圆形，长3~4 mm，绿色，有白色膜质缘；花瓣橘红色，边缘白色，短于花萼或近等长；雄蕊短于花瓣。蒴果圆柱形，长16~25 mm，宽5~6 mm，先端锐尖或钝，果皮膜质。种子多数，卵形，长3~4 mm，先端尖，表面密被凹点。

生长于低山、洪积平原、砾质戈壁、盐化沙地。

在我国分布于新疆及甘肃。

红砂
Reaumuria soongorica (Pall.) Maxim.

属	红砂属	Reaumuria L.
科	柽柳科	Tamaricaceae

　　小灌木，高10~30 cm。多分枝，老枝灰褐色。叶肉质，短圆柱形，浅灰绿色，具泌盐腺体，常4~6枚簇生。花单生叶腋，无梗。花瓣5；白色略带粉红色；花柱3个，具狭尖柱头。蒴果纺锤形，3瓣裂，种子3~4个，被向上直立有密长毛。花期6—8月，果期8—9月。

　　生长于海拔500~4100 m的山地丘陵、剥蚀残丘、山麓淤积平原、山前沙砾和砾质洪积扇。

　　在我国分布于新疆、青海、甘肃、宁夏、内蒙古、东北地区，俄罗斯、哈萨克斯坦、蒙古国也有分布。

　　本种是我国荒漠地区分布最广的地带性植被类型之一，在生物改良盐碱地、防风固沙、保护绿洲等方面具有重要的生态价值。

五柱红砂
Reaumuria kaschgarica Rupr.

属	琵琶柴属	Reaumuria L.
科	柽柳科	Tamaricaceae

　　矮灌木，高10~30 cm。垫状枝致密，老枝灰色，当年生幼枝带粉红色、黄绿色。叶肉质棒状，顶端钝或稍尖，向基部微变狭。花单生于枝顶，无花梗；花瓣5，粉红色，椭圆形；子房卵圆形，花柱5。蒴果长圆状卵形，5瓣裂。种子细小，全被褐色长毛。花期5—8月，果期8月。

　　生长于盐土荒漠、草原、石质和砾质山坡、阶地和杂色的砂岩上。

　　在我国分布于新疆、西藏、青海、甘肃，俄罗斯及中亚也有分布。

　　嫩枝、叶均可入药；饲料；防风固沙植物。具有改良盐碱地、防风固沙等重要的生态价值。

• 《世界自然保护联盟濒危物种红色名录》（IUCN）：易危（VU）

半日花

Helianthemum songaricum Schrenk

属　半日花属　Helianthemum Mill.

科　半日花科　Cistaceae

矮小灌木，高5~10 cm。多分枝，老枝褐色，小枝对生或近对生，先端常呈刺状。叶革质，披针形或狭卵形，全缘，边缘常反卷，两面被白色毛呈砧状。花单生枝端或2~3成聚伞花序；花瓣5，倒卵形，黄色或橘黄色；雄蕊多数，花药黄色；子房密被柔毛。蒴果密被短柔毛。种子卵形，渐尖。花果期5—9月。

生长于石质和砾石质山坡、戈壁、山地河流岸边的干砾石地上，海拔850~1400 m。

半日花极耐旱，为残遗种。近些年随着保护意识的增强，环境的改善，半日花植物野外分布数量逐渐增多。

本种地上部分含红色物质，可做红色染料。

- 《国家重点保护野生植物名录》：Ⅱ级
- 《世界自然保护联盟濒危物种红色名录》（IUCN）：濒危（EN）

中亚沙棘
Hippophae rhamnoides subsp. turkestanica Rousi

属	沙棘属	Hippophae L.
科	胡颓子科	Elaeagnaceae

落叶灌木或小乔木，高可达6 m，稀至15 m。棘刺顶生或侧生；老枝灰黑色，粗糙，嫩枝密被银白色鳞片，一年以上枝鳞片脱落，表皮呈白色或暗红色，发亮；刺有时分枝；单叶互生，狭披针形或矩圆状披针形，长30~80 mm，宽4~10（13）mm，两面银白色，密被鳞片；花小，淡黄色，花被2裂；雄花花序轴常脱落，雄蕊4；雌花比雄花后开放，具短梗，花被筒囊状，顶端2裂。果实圆球形，直径4~6 mm，橙黄色或橘红色；种子小，阔椭圆形至卵形，黑色或紫黑色；花期5月，果期8—9月。

生长于海拔800~3600 m温带地区向阳的山脊、谷地、干涸河床地或山坡，多砾石或沙质土。

在我国分布于新疆、内蒙古、甘肃、青海、山西、陕西、河北、四川。

本种在内蒙古和新疆的阿勒泰地区、塔城地区有大面积的人工栽种。

尖果沙枣
Elaeagnus oxycarpa Schlecht.

属	胡颓子属	Elaeagnus L.
科	胡颓子科	Elaeagnaceae

落叶乔木或小乔木；高5~20 m，具细长的刺；叶纸质，窄矩圆形至线状披针形，顶端钝尖或短渐尖，上面灰绿色，下面银白色，两面均密被银白色鳞片；花白色，略带黄色，常1~3花簇生于新枝下部叶腋；萼筒漏斗形或钟形，裂片长卵形，内面黄色，疏生白色星状柔毛；雄蕊4，花柱圆柱形，顶端弯曲近环形；花盘长圆锥形，顶端有白色柔毛；果实球形或近椭圆形，长9~10 mm，直径6~8.5 mm，乳黄色至橙黄色，具白色鳞片；果肉粉质，味甜；果核骨质，椭圆形，具8条较宽的淡褐色平肋纹；花期5—6月，果期9—10月。

生长于戈壁沙滩或沙丘的低洼潮湿地区和田边，路旁海拔400~660 m。

在我国分布于新疆、甘肃，中亚也有分布。

尖果沙枣可入药，是干旱、半干旱地区以及荒山、荒滩、沙漠地区造林的优良树种。

大苞点地梅
Androsace maxima L.

属	点地梅属	Androsace L.
科	报春花科	Primulaceae

一年生草本；莲座状叶丛单生，叶无柄或柄极短；叶椭圆形至倒披针形，长 0.5~1.5 cm，基部渐窄，中上部有小牙齿，两面近无毛或疏被柔毛；花葶高 2~7.5 cm，被白色卷曲柔毛和短腺毛，伞形花序，苞片椭圆形或倒卵状长圆形，长 5~7 mm，宽 1~2.5 mm；花梗长 1~1.5 cm；花萼杯状，长 3~4 mm，果期增大，长达 9 mm，分裂达全长 2/5，被稀疏柔毛和短腺毛，裂片三角状披针形，渐尖；花冠白或淡红色，径 3~4 mm，裂片长圆形，先端钝圆；蒴果近球形。花、果期 4—5 月。

生长于山谷草地、山坡砾石地、固定沙地及丘间低地。

在我国分布于新疆、内蒙古、甘肃、宁夏、陕西、山西，欧洲、中亚、非洲也有分布。

多伞阿魏
Ferula feruloides (Steudel) Korovin

属	阿魏属	Ferula L.
科	伞形科	Umbelliferea

多年生草本，高达 1 m 以上。根粗大，圆锥形或纺锤形。茎直立，粗壮，通常单一。叶质软，早枯，密被灰色柔毛；基生叶具柄，基部具鞘，茎生叶柄完全为三角状披针形的叶鞘；三出多回羽状全裂，裂片椭圆形，长约 1 cm，再深裂为具齿的小裂片，齿端钝尖。复伞形花序多数，在花序梗上排列似串珠状；伞辐 3~8，长 0.5~1.5 cm，无总苞片；小伞形花序有花 10~12 朵，花梗长 2~4 mm，小总苞片数枚，鳞片状，极小；萼齿短；花瓣黄色，卵形，小舌片稍短于花瓣，花柱基扁圆锥状。果实椭圆形，扁平，长 6~7 mm，果棱丝状，每棱槽油管 1，合生面具油管 2。花期 5 月，果期 6 月。

生长于山前覆沙砾石戈壁。

在我国分布于新疆，俄罗斯、哈萨克斯坦也有分布。

根和植物树脂可入药。

新疆阿魏
Ferula sinkiangensis K. M. Shen

（属）	阿魏属	Ferula L.
（科）	伞形科	Umbelliferea

　　多年生一次结果草本；高达 1.5 m；根圆锥形；茎常单生，稀2~5，有柔毛，多分枝，常带紫红色；基生叶三至四回羽状全裂，小裂片长圆形或线形，长 3~6 mm，灰绿色，下面密被柔毛，早落；茎生叶叶鞘宽；复伞形花序径 8~12 cm，中央花序近无梗，侧生花序 1~4，无总苞片；伞辐5~25，近等长，被柔毛；伞形花序有10~20朵花，小总苞片宽披针形，脱落；花瓣黄色，中脉色深，有毛；果椭圆形，长 1~1.2 cm，径5~6 mm，有疏毛，每棱槽油管3~4，合生面油管12~14；花期4—5 月，果期5—6 月。

　　生长于前山带砾石的黏质荒漠；在我国分布于新疆。该种可用于治疗关节疼痛。

• 《国家重点保护野生药材名录》：Ⅱ级

团花驼舌草
Goniolimon eximium (Schrenk) Boiss.

（属）	驼舌草属	Goniolimon Boiss.
（科）	白花丹科	Plumbaginaceae

　　多年生草本；高达70 cm；叶较薄，叶柄具绿色边带，叶倒披针形、披针形或倒卵形，连叶柄长（3）5~14（16）cm，先端渐尖，基部渐窄；花序大型头状或金字塔状，或由数个头状复花序组成伞房状，主轴圆柱状，或分枝以上微具角棱，有时具鸡冠状皱翅，上部具 1~5 个粗短分枝，穗状花序具（3）7~11（13）个小穗，密集2列，小穗具 3~5 朵花；外苞覆瓦状；萼长 7~8 mm，萼檐裂片边缘和裂片之间常具不整齐牙齿，脉紫红色，伸至萼檐中部或过中部；花冠淡紫红色；花果期6—8 月。

　　生长于山地草原、砾石山坡。

　　在我国分布于新疆，俄罗斯、中亚也有分布。

　　药用，也可作为观赏植物。

喀什补血草

Limonium kaschgaricum (Rupr.) Ik.- Gal.

属	补血草属	Limonium Mill.
科	白花丹科	Plumbaginaceae

多年生草本；高（5）10~25 cm，全株无毛；茎基木质，肥大而具多头；叶基生，长圆状匙形至长圆状倒披针形，或为线状披针形，长1~2.5 cm，宽（1）2~6 mm，先端圆或渐尖；穗状花序由3~5（7）个小穗组成；小穗含2~3花；外苞长（1）2~3 mm，宽卵形，先端圆、钝或急尖；第一内苞长5.5~6.5 mm；萼筒漏斗状，萼筒径1~1.3 mm，全部沿脉（有时也在脉间）密被长毛，萼檐淡紫红色，裂片先端尖，沿脉被毛，常有间生小裂片；花冠淡紫红色；花期6—7月，果期7—8月。

生长于石质山坡、山前冲积扇砾质荒漠，海拔1300~3000 m。

在我国分布于新疆，俄罗斯、中亚也有分布。

黄花补血草

Limonium aureum (L.)

属	补血草属　Limonium Mill.
科	白花丹科　Plumbaginaceae

多年生草本；高达40 cm；根皮不裂；茎基肥大，被褐色鳞片及残存叶柄；叶基生，有时花序轴下部具1~2叶，花期凋落；叶柄窄；叶长圆状披针形或倒披针形，连叶柄长1.5~3（5）cm，宽2~5（15）mm，先端钝圆，基部渐窄；萼漏斗状，长5.5~6.5（7.5）mm，萼筒径约1 mm，萼檐金黄或橙黄色；花冠橙黄色；花茎2至多数，生于不同叶丛，常四至七回叉状分枝，花序轴下部多数分枝具不育枝，或不育枝生于褐色草质鳞片腋部，常密被疣突，无毛，花序圆锥状，穗状花序具3~5（7）小穗，小穗具2~3花；外苞长2.5~3.5 mm；第一内苞长5.5~6 mm；花、果期6—9月。

生长于土质含盐的砾石滩、黄土坡和沙土地上。

在我国分布于西北、东北、华北，蒙古国和俄罗斯也有分布。

花萼和根为民间草药。

蒙古莸

Caryopteris mongholica Bge.

属	莸属　Caryopteris Bge.
科	马鞭草科　Verbenaceae

落叶小灌木。常自基部即分枝，嫩枝紫褐色，圆柱形，有毛，老枝毛渐脱落。叶片厚纸质，线状披针形或线状长圆形，背面密生灰白色茸毛。聚伞花序腋生，无苞片和小苞片，花萼钟状，花冠蓝紫色。蒴果椭圆状球形，无毛，果瓣具翅。花、果期8—10月。

生长于干旱坡地、沙丘荒野及干旱碱质土壤上。

在我国分布于西北各省，蒙古国也有分布。

蒙古莸其花大且美丽，而且栽培生长旺盛，抗逆性强，可作为西北干旱、半干旱地区绿化树种，是观赏价值较高的低矮夏末秋初观花之佳品。

鹰爪柴
Convolvulus gortschakovii Schrenk

属 旋花属　Convolvulus L.

科 旋花科　Convolvulaceae

亚灌木或近于垫状小灌木，高10~20（30）cm。小枝具短而坚硬的刺；枝和叶均密被贴生银色绢毛。叶倒披针形、披针形，或线状披针形。花单生于短的侧枝上，常在末端具两个小刺；萼片被散生的疏柔毛，或通常无毛，或仅沿上部边缘具短缘毛，不相等，2个外萼片明显较3个内萼片宽；花冠漏斗状，玫瑰色。蒴果阔椭圆形，顶端具不密集的毛。花期5—6月。

在我国分布于新疆、陕西、甘肃、宁夏、内蒙古，俄罗斯和蒙古国也有分布。

硬萼软紫草
Arnebia decumbens (Vent.) Coss. et Kral.

属 软紫草属　Arnebia Forssk.

科 紫草科　Boraginaceae

一年生草本。根含少量的紫色物质。高15~30 cm；茎生叶无柄，线状长圆形至线状披针形，两面均疏生硬毛，先端钝。花萼裂片线形，长约7 mm，果期增大，长可达12 mm，基部扩展并硬化，包围小坚果；花冠黄色，筒状钟形，长1~1.4 cm，筒部直或稍弯曲，檐部直径3~6 mm，裂片宽卵形，近等大；雄蕊5，螺旋状着生花冠筒上部；子房4裂，花柱丝状，长近达喉部，先端2次浅2裂，每分枝各具1球形柱头；小坚果三角状卵形，褐色，密生疣状凸起。花果期5—6月。

生长于石质山坡、砾质沙地、荒地。

在我国分布于新疆，亚洲西部、欧洲、非洲北部也有分布。

根富含色素，可做染料。

灰毛软紫草

Arnebia fimbriata Maxim.

属	软紫草属　Arnebia Forssk.
科	紫草科　Boraginaceae

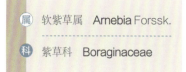

多年生草本，全株密生灰白色长硬毛；茎通常多条，高10~18 cm，多分枝；叶无柄，线状长圆形至线状披针形，长8~25 mm，宽2~4 mm；镰状聚伞花序长1~3 cm，具排列较密的花；苞片线形；花萼裂片砧形，长约11 mm，两面密生长硬毛；花冠淡蓝紫色或粉红色，有时为白色，长15~22 mm，外面稍有毛，筒部直或稍弯曲，檐部直径5~13 mm，裂片宽卵形，几等大，边缘具不整齐牙齿；雄蕊着生花冠筒中部（长柱花）或喉部（短柱花），花药长约2 mm；子房4裂，花柱丝状，稍伸出喉部（长柱花）或仅达花冠筒中部，先端微2裂；小坚果三角状卵形，长约2 mm，密生疣状凸起，无毛；花、果期6—9月。

生长于砾质沙地、砾质戈壁、山前冲积扇及砾石山坡。

在我国分布于内蒙古、宁夏、甘肃、青海，蒙古国也有分布。

假狼紫草

Nonea caspica (Willd.) G. Don

| 属 | 假狼紫草属 | **Nonea** Medik. |
| 科 | 紫草科 | **Boraginaceae** |

一年生草本；高达25 cm；全株被开展硬毛、短伏毛及腺毛；叶无柄，基生叶及茎下部叶线状倒披针形，长2~6 cm，中部以上叶较小，线状披针形；花序长达15 cm，被毛；苞片叶状、线状披针形，长1.5~5 cm；花萼裂至中部，裂片三角状披针形，稍不等大；花冠紫红色，长0.8~1.2 cm，冠檐长约为冠筒的1/3，裂片卵形或近圆形，全缘或微具齿，附属物位于喉部之下，微2裂；雄蕊内藏；花柱长约4 mm，柱头近球形，2浅裂；小坚果肾形，黑褐色，稍弯，无毛或幼时疏被柔毛，具横细肋，顶端龙骨状，着生面位于腹面中下部，碗状，边缘具细齿；种子肾形，灰褐色。

生长于山坡、沙砾质地、荒地、洪积扇、河谷阶地。

在我国分布于新疆，伊朗及中亚、东欧也有分布。

平原黄芩
Scutellaria sieversii Bge.

属　黄芩属　Scutellaria L.
科　唇形科　Lamiaceae

多年生植物；高约25 cm；茎下部木质，基部分枝；枝条暗紫色或近于深紫色；叶稍坚硬，卵圆形或常呈宽卵圆形，基部宽楔形呈钝角，边缘有大而不整齐的牙齿或圆齿，微尖或常钝头，长1.5~3.5 mm，叶上面淡绿色，疏被小疏柔毛，下面带灰色，被细而贴生茸毛；叶柄长3~12 mm，稍短于叶片，或为其长之一半；花序花期长3~3.5 cm；苞片宽卵圆形，下部长达1.5 cm，宽达0.9 cm，先端短尖或长尖，具有十分隆起的纵向脉，在边缘及脉上有很短的疏柔毛及小的具柄腺毛，淡绿色；花萼花期长约3 mm，被短柔毛及腺毛；花期5—6月，果期8—9月。

生长于干旱砾质半荒漠的阳坡地上，海拔700~720 m。

在我国分布于新疆。

阿尔泰黄芩
Scutellaria altaica Fisch. ex. Sweet.

　　多年生半灌木；高约25 cm；根茎木质；茎平卧或向上升长，基部多分枝，疏被皱曲短柔毛及腺体，常呈暗紫色；叶片卵圆形，边缘每侧具4~6大而不整齐的牙齿或圆齿，两面绿色，基部宽楔形；叶柄长3~12 mm，具细短柔毛；花序在花期长3~3.5 cm；苞片宽卵圆形，沿脉及边缘上被短柔毛及具短柄腺毛，淡绿色；花萼密被短柔毛及腺毛；花冠长2~2.5（2.7）cm，紫色或棕黄色，外被短柔毛及具柄腺毛；冠檐二唇形，上唇盔状，先端微缺；雄蕊4，前对较长，具能育半药，后对较短，内藏，具全药，小坚果三棱状卵圆形，密被灰色茸毛。

　　生长于塔尔巴哈台山的山前砾石戈壁荒漠。

　　在我国分布于新疆。

属	黄芩属	Scutellaria L.
科	唇形科	Lamiaceae

二刺叶兔唇花

Lagochilus diacanthophyllus (Pall.) Benth.

属 兔唇花属 Lagochilus Bge.

科 唇形科 Lamiaceae

多年生草本；高达25 cm；茎白色，基部木质，疏被长柔毛，上部及节无毛；叶宽菱形，长2~3.5 cm，上面疏被细硬毛，下面密被白色透明腺点，羽状深裂，下部裂片再3浅裂成圆形至长圆形小裂片，裂片及小裂片先端钝具芒尖；下部叶叶柄具窄翅，上部叶近无柄；轮伞花序具4~6花；小苞片针状或砧形，刺尖；花萼钟形，萼齿长圆形，先端钝，具短尖头；花冠淡紫色，长约3.4 cm，密被短柔毛，基部无毛，上唇边缘具长柔毛，先端2裂，裂片卵形，先端具2齿或4齿，下唇中裂片倒心形，侧裂片三角形；子房顶端被白色鳞片。

生长于天山、阿尔泰山和准噶尔西部山地的干旱砾石质坡地上及平原戈壁。

在我国分布于新疆，哈萨克斯坦、俄罗斯也有分布。

黄花刺茄
Solanum rostratum Dunal.

一年生草本植物。高可达70 cm。叶互生，叶柄长0.5~5 cm，密被刺及星状毛；叶片卵形或椭圆形，裂片椭圆形或近圆形。蝎尾状聚伞花序腋外生，花期花轴伸长变成总状花序，花横向，在萼筒钟状，萼片线状披针形，花冠黄色，辐状，花瓣外面密被星状毛；花药黄色，异型，浆果球形，成熟时黄褐色。萼片直立靠拢呈鸟喙状，果皮薄，与萼合生，种子多数，黑色，6—9月开花结果。

常生长于开阔的、受干扰的生境，如田野、河岸、过度放牧的牧场、庭院、谷仓前、畜栏、路边、垃圾场等地。

在我国分布于华北、东北、西北，北美洲、加拿大、墨西哥、俄罗斯、韩国、南非、澳大利亚等地也有分布。

黄花刺茄于2016年12月12日被中华人民共和国生态环境部列为第四批外来入侵物种名单。外来物种入侵是造成生物多样性下降的直接原因之一，严重危害到中国的生态环境。

属	茄属	Solanum L.
科	茄科	Solanaceae

羽裂玄参

Scrophularia kiriloviana Schischk.

| 属 | 玄参属 | Scrophularia L. |
| 科 | 玄参科 | Scrophulariaceae |

半灌木状草本；高30~50 cm；茎近圆形，无毛；叶卵状椭圆形或卵状长圆形，长3~10 cm，前半部边缘具牙齿或大锯齿至羽状半裂，后半部羽状深裂至全裂，裂片具锯齿，稀全部边缘具大锯齿；花序为顶生、稀疏狭窄的圆锥花序，主轴至花梗均疏生腺毛；花萼长约2.5 mm，裂片近圆形，具明显宽膜质边缘；花冠紫红色，长5~7 mm，花冠筒近球形，长3.5~4 mm，上唇裂片近圆形，下唇侧裂片长约为上唇之一半；雄蕊约与下唇等长，退化雄蕊矩圆形至长矩圆形；子房长约1.5 mm，花柱长约4 mm；蒴果球状卵形，连同短喙（长1~2 mm）长5~6 mm；花期5—7月，果期7—8月。

生长于海拔700~2100 m的林边、山坡石隙或干燥沙砾地。

在我国分布于新疆，俄罗斯及中亚也有分布。

准噶尔毛蕊花
Verbascum songoricum Schrenk

| 属 | 毛蕊花属 | Verbascum L. |
| 科 | 玄参科 | Scrophulariaceae |

多年生草本；高达150 cm，全株被密而厚的灰白色星状毛；基生叶矩圆形至倒披针形，长达25 cm，宽达8 cm，基部渐狭成柄，边具浅圆齿；茎生叶较多，披针状矩圆形至矩圆形，无柄，下部叶的基部宽楔形，上部叶的基部近心形；圆锥花序长达40 cm，花2~7朵簇生，花梗很短，最长者达6 mm；花萼、花冠外面均密生灰白色星状毛，花萼长约6 mm，裂片披针形；花冠黄色，直径15~20 mm；雄蕊5，花丝具白色绵毛，花药皆肾形；蒴果圆卵形至椭圆状卵形，密生星状毛，约与宿存花萼等长；花、果期6—8月。

生长于芨芨草滩或田边。

在我国分布于新疆，俄罗斯和中亚也有分布。

小车前
Plantago minuta Pall

| 属 | 车前属 | Plantago L. |
| 科 | 车前科 | Plantaginaceae |

一年生或多年生矮小草本5~15 cm，叶、花序轴密被灰白或灰黄色长柔毛，有时变近无毛；直根；叶基生呈莲座状，硬纸质，线形、窄披针形或窄匙状线形，长3~8 cm，先端渐尖，脉3条，叶柄不明显，基部扩大呈鞘状；穗状花序2至多数，短圆柱状至头状，长0.6~2 cm，紧密，有时仅具少数花：花序梗长（1）2~12 cm；苞片宽卵形或宽三角形，先端钝圆；萼片龙骨突较宽厚，延至顶端；花冠白色，无毛，花冠筒约与萼片等长，裂片中脉明显，花后反折；花丝与花柱外伸；胚珠2；蒴果卵圆形或宽卵圆形，长3.5~4（5）mm，于基部上方周裂；种子2，椭圆状卵圆形或卵圆形；花期6—8月，果期7—9月。

生长于戈壁滩、沙地、沟谷、河滩、沼泽地、盐碱地、田边。

在我国分布于新疆、内蒙古、山西、陕西、宁夏、甘肃、青海、西藏，俄罗斯、哈萨克斯坦、蒙古国也有分布。

披针叶车前
Plantago lanceolata L.

| 属 | 车前属 | Plantago L. |
| 科 | 车前科 | Plantaginaceae |

多年生草本；直根粗长；叶基生呈莲座状，线状披针形至椭圆状披针形，长6~20 cm，全缘或具极疏小齿，叶柄长2~10 cm，有长柔毛；穗状花序3~15，幼时通常呈圆锥状卵圆形，成长后变短圆柱头或头状，长1~5（8）cm，紧密；花序梗长10~60 cm；苞片卵形或椭圆形，先端膜质，无毛；花冠筒约与萼片等长或稍长，裂片披针形或卵状披针形，干后淡褐色，花后反折；雄蕊与花柱外伸，花药白或淡黄色；胚珠2~3；蒴果窄卵球形，于基部上方周裂；种子（1）2；花期5—6月，果期6—7月。

生长于海滩、河滩、草原湿地、山坡多石处或沙质地、路边、荒地。

在我国分布于辽宁、甘肃、新疆、山东，欧洲、北美洲及朝鲜半岛和蒙古国也有分布。

阿尔泰狗娃花
Aster altaicus Willd.

| 属 | 紫菀属 | Aster L. |
| 科 | 菊科 | Compositae |

多年生草本；茎直立，被上曲或开展毛，上部常有腺，上部或全部有分枝；下部叶线形、长圆状披针形、倒披针形或近匙形，长2.5~10 cm，全缘或有疏浅齿；上部叶线形；叶两面或下面均被粗毛或细毛，常有腺点；头状花序单生枝端或排成伞房状；总苞半球形，径0.8~1.8 cm，总苞片2~3层，长圆状披针形或线形，长4~8 mm，背面或外层草质，被毛，常有腺，边缘膜质；舌状花15~20，管部长1.5~2.8 mm，有微毛，舌片浅蓝紫色，长圆状线形，长1~1.5 cm，管状花长5~6 mm，管部长1.5~2.2 mm，裂片不等大，有疏毛；瘦果扁，倒卵状长圆形，灰绿或浅褐色，被绢毛，上部有腺；冠毛污白或红褐色，有不等长微糙毛；花、果期5—9月。

生长于草原、荒漠地、戈壁滩地、河岸砾石地、沙地。

在我国分布于新疆、内蒙古、青海、四川等地，中亚及蒙古国也有分布。

灌木紫菀木
Asterothamnus fruticosus (C. Winkl.) Novopokr.

| 属 | 紫菀木属 | Asterothamnus Novopokr. |
| 科 | 菊科 | Compositae |

　　半灌木，高 20~45 cm。茎帚状分枝，下部木质，坚硬，外皮淡黄色或黄褐色，常有被茸毛的冬芽，上部草质，灰绿色。叶较密集，线形无柄，边缘反卷。头状花序较大；总苞宽倒卵形，总苞片3层，革质，覆瓦状，外层和中层较小，卵状披针形，内层长圆形，顶端全部长渐尖，背面被疏蛛丝状短茸毛，边缘白色宽膜质，顶端绿色或白色；舌状花淡紫色。瘦果长圆形，基部缩小，常具小环，被白色长伏毛。花、果期7—9月。

　　生长于山前沙质多石的戈壁和多石的干河床中。

　　在我国分布于新疆，中亚也有分布。

里海旋覆花
Inula caspica Blum.

| 属 | 旋覆花属 | Inula L. |
| 科 | 菊科 | Compositae |

　　二年生草本；幼茎被白色长绵毛；下部叶长圆状线形或窄披针形，渐窄成长柄；中部以上叶线状披针形，基部半抱茎全缘，常有腺点；头状花序径2~3（4）cm，单生枝端或2~5排成伞房花序，花序梗被长毛；总苞半球形，径1~1.5 cm，总苞片3~4层，外层线状披针形，长3~7 mm，下部革质，外面被糙毛，内层长0.7~1 cm，线状披针形，干膜质，边缘常红紫色，有疣毛；舌状花黄色，舌片长圆状线形，先端有3齿，下部外面有腺；管状花花冠有三角形裂片；冠毛白色，有20~25根细糙毛，与管状花花冠近等长；瘦果近圆柱形，有细沟，被长伏毛；花期8—9月。

　　生长于盐化草甸、洼地和干旱荒地，海拔270~1580 m。

　　在我国分布于新疆、甘肃，俄罗斯、伊朗及中亚也有分布。

小甘菊
Cancrinia discoidea (Ledeb.) Poljak

属	小甘菊属　Cancrinia Kar. & Kir.
科	菊科　Compositae

二年生草本；茎基部分枝，被白色绵毛；叶灰绿色，被白色绵毛至几无毛，叶长圆形或卵形，长2~4 cm，二回羽状深裂，裂片2~5对，每裂片2~5深裂或浅裂，稀全缘，小裂片卵形或宽线形，先端钝或短渐尖；叶柄长，基部扩大；头状花序单生，花序梗长4~15 cm，直立；总苞径0.7~1.2 cm，疏被绵毛至几无毛；总苞片3~4层，草质，长3~4 mm，外层少数，线状披针形，先端尖，几无膜质边缘，内层较长，线状长圆形，边缘宽膜质：花托凸起，锥状球形；花黄色；瘦果无毛，冠状冠毛膜质，5裂。花、果期4—9月。

生长于石质山坡、砾石戈壁荒漠。

在我国分布于甘肃、新疆和西藏，蒙古国、俄罗斯也有分布。

蒙古短舌菊
Brachanthemum mongolicum Krasch.

属	短舌菊属	Brachanthemum DC.
科	菊科	Compositae

　　小半灌木；高5~20 cm；根粗壮，木质，直伸；自根头上部发出多数坚硬木质化的枝条；老枝灰色，扭曲，枝皮撕裂；叶灰绿色或绿色，椭圆形、半圆形，长达0.6 cm，宽达5 mm，掌式羽状3~4~5全裂；裂片线状砭形，宽0.4 mm；瘦果长2.8 mm。花、果期9月。

　　超旱生小半灌木，生长于山前洪积扇砾质戈壁荒漠。

　　在我国分布于新疆、甘肃、内蒙古，蒙古国也有分布。

灌木亚菊
Ajania fruticulosa (Ledeb.) Poljak.

属	亚菊属	Ajania Poljakov
科	菊科	Compositae

　　小亚灌木；25~50 cm；枝被稠密或稀疏的短柔毛。茎中部叶扁圆形至宽卵形，二回掌状或掌式羽状3~5裂；中上部和中下部的叶掌状3~5全裂，小裂片线状砭形至倒长披针形，宽0.5~5 mm，两面均灰白或淡绿色，被伏贴柔毛，全部叶的叶耳一回分裂，无叶耳柄，因此叶耳贴茎或抱茎；总苞钟状，径3~4 mm，总苞片4层，边缘白或带浅褐色膜质，外层卵形或披针形，被柔毛，中内层椭圆形，长2~3 mm；边缘雌花约5个，细管状，冠檐3（5）齿，中央两性花花冠长1.8~2.5 mm；瘦果矩圆形。花、果期6—10月。

　　生长于山前石质或沙砾质荒漠，海拔550~4400 m。

　　在我国分布于内蒙古、陕西、甘肃、青海、新疆、西藏，中亚也有分布。

大籽蒿

Artemisia sieversiana Ehrhart ex Willd.

属	蒿属 Artemisia L.
科	菊科 Compositae

　　一、二年生草本；主根单一；茎单生，高达1.5 m，纵棱明显，分枝多；茎、枝被灰白色微柔毛；下部与中部叶宽卵形或宽卵圆形，两面被微柔毛，长4~8（13）cm，二至三回羽状全裂，稀深裂，每侧裂片2~3，小裂片线形或线状披针形，长0.2~1 cm，宽1~2 mm，叶柄长（1）2~4 cm；上部叶及苞片叶羽状全裂或不裂；头状花序大，多数排成圆锥花序，总苞半球形或近球形，径（3）4~6 mm，具短梗，稀近无梗，基部常有线形小苞叶，在分枝排成总状花序或复总状花序，并在茎上组成开展或稍窄圆锥花序；总苞片背面被灰白色微柔毛或近无毛；花序托凸起，半球形，有白色托毛；雌花20~30；两性花80~120；瘦果长圆形；花、果期6—10月。

　　生长于荒漠草原、草原、戈壁、河谷、林场及路边，局部地区成片生长，为植物群落的建群种或优势种。

　　在我国分布于华北、西北、西南、朝鲜、日本、蒙古国、阿富汗、巴基斯坦也有分布。

　　药用，可消炎止痛。

硬叶蓝刺头
Echinops ritro L.

属　蓝刺头属　Echinops L.

科　菊科　Compositae

多年生草本，高20~60 cm。茎单一或少数簇生，茎全部白色或灰白色，密被蛛丝状柔毛，无头状具柄的腺点。叶羽状深裂或近全裂，裂片5~8对，叶质地坚硬，革质或近革质，沿缘及顶端具三角形刺齿或针刺。复头状花序单生茎枝顶端或茎端，直径3~4.5 cm；基毛白色，长为总苞长的1/4~1/3；总苞有20~22，背面无毛，龙骨状，小花蓝色，花冠5深裂，裂片线形，花冠筒外面有腺点。瘦果倒圆锥形，长达5.5 mm，密被伏贴的褐色长毛，遮盖冠毛；冠毛膜片状线形，边缘糙毛状，中部以下连合。

生于荒漠中的沙地和覆沙砾石戈壁。

中国分布于新疆，中亚及西伯利亚地区、伊朗、中欧、东欧也有分布。

顶羽菊
Acroptilon repens (L.) DC.

属	顶羽菊属　Acroptilon Cass.
科	菊科　Compositae

多年生草本；高30~50 cm，茎基部分枝；茎生叶长椭圆形、匙形或线形，长2.5~5 cm，全缘或疏生不明显细齿，或羽状半裂，两面灰绿色，疏被蛛丝毛或无毛；头状花序在茎枝顶端排成伞房或伞房状圆锥花序；总苞卵圆形或椭圆状卵圆形，径0.5~1.5 cm，总苞片约8层，苞片有白色膜质附属物，两面密被长直毛；花托有托毛；小花均两性，管状，花冠粉红或淡紫色，管部和檐部均长7 mm，花冠裂片长3 mm；花药基部附属物小，花丝无毛；花柱分枝细长，顶端钝，花柱中部有毛环；瘦果倒长卵圆形，扁，长3.5~4 mm，淡白色，无果喙；冠毛白色，多层，内层较长，长达1.2 cm，冠毛刚毛基部不连合成环，边缘短羽毛状；花、果期5—9月。

生长于盐碱地、田边、荒地、沙砾质荒地、干旱山坡及石质山坡。

在我国分布于新疆、内蒙古、陕西、青海、甘肃、山西、河北，俄罗斯、蒙古国、伊朗及中亚也有分布。

大翅蓟
Onopordum acanthium L.

属	大翅蓟属 Onopordum L.
科	菊科 Compositae

　　二年生草本；高达2 m；茎无毛或被蛛丝毛；基生叶及下部茎生叶长椭圆形或宽卵形，长10~30 cm，基部渐窄成短柄；中部叶及上部叶渐小，长椭圆形或倒披针形，无柄；叶缘有三角形刺齿，或羽状浅裂，两面无毛或被薄蛛丝毛，或两面灰白色，被厚绵毛；茎翅羽状半裂或有三角形刺齿，裂片宽三角形，裂顶及齿顶有黄褐色针刺；头状花序排成伞房状，稀单生茎顶；总苞卵圆形或球形，径达5 cm，幼时被蛛丝毛，后无毛，总苞片多层，向内层渐长，有缘毛，背面有腺点，外层与中层革质，卵状砥形或披针状砥形；小花紫红色或粉红色，檐部长1.2 cm，细管部长1.2 cm；瘦果倒卵圆形或长椭圆形，灰色或灰黑色，有黑色或棕色斑：冠毛土红色，多层，睫毛状，内层长达1.2 cm；花、果期6—9月。

　　生长于海拔420~1200 m的荒地、沙砾质土壤、固定和半固定沙地及河谷两旁。

　　在我国分布于新疆、甘肃、陕西，欧洲也有分布。

　　全草入药。

小花矢车菊
Centaurea squarrosa Willd.

属	车菊属 Centaurea L.
科	菊科 Compositae

　　二年生至多年生草本；根直伸，直径达1 cm；茎直立，少数茎成簇生，中部以上多分枝，分枝开展，纤细，全部茎枝灰绿色，有稀疏的淡黄色的头状无柄的小腺点，并被稠密或稍稠密的蛛丝状茸毛；基生叶及下部茎叶二回羽状全裂，有长5~7 cm的叶柄，中部茎叶一回羽状全裂，无叶柄；末回裂片线状长椭圆形、长椭圆形或线形，宽0.5~2.2 mm，顶端钝或急尖；上部茎叶不分裂，边缘全缘，无锯齿，长椭圆形或倒披针形；全部叶两面有稠密的头状无柄的淡黄色小腺点，并被稀疏的糙毛及蛛丝毛；冠毛2列，外列少数层，向内层渐长，长达2 mm，冠毛刚毛状，边缘糙毛状，内列冠毛1层，冠毛刚毛膜片状，极短；瘦果倒卵形，长3 mm，宽1.8 mm，压扁，淡黄白色，被微柔毛。

　　生长于多石山坡、砾质荒漠或荒地，海拔540~1500 m。

　　在我国分布于新疆，俄罗斯及亚洲其他地区也有分布。

针刺矢车菊
Centaurea iberica Trev.

(属)	矢车菊属	Centaurea L.
(科)	菊科	Compositae

二年生草本；茎枝灰绿色，被长毛；基生叶大头羽状深裂或大头羽状全裂，有叶柄；中部茎生叶羽状深裂至全裂，侧裂片约4对，侧裂片长椭圆形、倒披针形或线状倒披针形，无叶柄；向上的叶渐小；叶两面绿色，被糙毛及柔毛和小腺点；头状花序顶生；总苞卵圆形，径1~1.8 cm，总苞片6~7层，绿色或黄绿色，外层与中层卵形、宽卵形或卵状椭圆形，先端附属物针刺化，针刺3~5掌裂，针刺淡黄色，内层苞片椭圆形、长椭圆形或宽线形，先端附属物白色膜质；小花红色或紫色，边花稍增大；瘦果椭圆形，被微柔毛；全部冠毛毛状；花果期8—9月。

生长于山前砾质荒漠及绿洲荒地。

在我国分布于新疆，欧洲也有分布。

多花苓菊

Jurinea multiflora (L.) B. Fedtsch.

| 属 | 苓菊属 | Jurinea Cass. |
| 科 | 菊科 | Compositae |

多年生草本，高10~20 cm。茎少数或单一，有棱槽，被白色茸毛和黄色腺点。叶披针形、长圆形或线形，全缘，沿缘反卷，上面绿色，下面灰白色，密被白色茸毛和黄色小腺点，中脉隆起；茎中部叶基部下延呈小耳状，半抱茎；头状花序小，多数，在茎枝顶端排列成紧密的伞房状花序；总苞圆柱状，直径约5 mm，紫色或灰绿色，无毛或被稀疏的蛛丝状柔毛；总苞片5~6层，紧贴，膜质，外面被黄色小腺点，外层总苞片卵形或三角形，内层总苞片线形；小花红色或紫色，外面有小腺点，花冠长约1.3 cm，细管部短于檐部，檐部先端5裂至中部。瘦果倒圆锥形，长约4 mm，褐色或淡棕褐色，平滑，有4棱；冠毛白色，不等长，宿存在瘦果上。花果期7—9月。

生长于山坡草地、砾石堆积物上。

在我国分布于新疆，欧洲、中亚及蒙古国也有分布。

蒙疆苓菊
Jurinea mongolica Maxim.

属 苓菊属 Jurinea cass.

科 菊科 Compositae

多年生草本；高达25 cm；茎基密被绵毛及残存褐色叶柄；茎枝被蛛丝状绵毛至无毛；基生叶羽状深裂、浅裂或齿裂，侧裂片3~4对，裂片全缘，反卷；茎生叶与基生叶同形或披针形或倒披针形并等样分裂或不裂；茎生叶两面几同色，疏被蛛丝毛；头状花序大，单生枝端；总苞碗状，径2~2.5 cm，绿色或黄绿色，总苞片4~5层，革质，外层和中层披针形，最内层线状长椭圆形或宽线形；苞片革质，直立；花冠红色；瘦果淡黄色，倒圆锥状，无刺瘤；冠毛褐色，冠毛刚毛短羽毛状，宿存；花期5—8月。

生长于砾石山坡和覆沙的干旱山坡上，海拔1040~1500 m。

在我国分布于新疆、内蒙古、宁夏、陕西，蒙古国也有分布。

可入药，止血。

蝎尾菊
Koelpinia linearis Pall.

一年生草本；高达20 cm；茎基部分枝，疏被细柔毛；叶线形或丝形，长4.5~9 cm，先端渐尖，基部渐窄，两面几无毛，无叶柄；头状花序小，腋生或顶生于枝端或生于植株下部或基部；总苞圆柱状，长6 mm，总苞片2层，背面稍被细柔毛；舌状小花黄色；瘦果褐色或肉红色，圆柱状线形，长达1.5 cm，蝎尾状内弯，5肋，背面沿肋有针刺，果顶针刺放射状排列；无冠毛；花果期4—7月。

早春短命植物，生长于砾质荒漠，海拔450~1000 m。

在我国分布于新疆、西藏，西亚、非洲及俄罗斯、哈萨克斯坦、乌兹别克斯坦也有分布。

属 蝎尾菊属　Koelpinia Pall.

科 菊科　Compositae

帚枝鸦葱
Scorzonera pseudodivaricata Lipsch.

| 属 | 鸦葱属 Scorzonera L. |
| 科 | 菊科 Compositae |

多年生草本；高达 50 cm；茎中上部多分枝，呈帚状，被柔毛至无毛，茎基被纤维状撕裂残鞘；叶互生或有对生叶，线形，长达 16 cm，向上的茎生叶短小或成针刺状或鳞片状，基生叶基部半抱茎，茎生叶基部半抱茎或稍扩大贴茎；叶先端渐尖或长渐尖，有时外弯呈钩状，两面被白色柔毛至无毛；头状花序单生茎枝顶端，呈疏散聚伞圆锥状花序，具 7~12 朵舌状小花；总苞窄圆柱状，径 5~7 mm，总苞片约 5 层，背面被白色柔毛，外层卵状三角形，长 1.5~4 mm，中内层椭圆状披针形、线状长椭圆形或宽线形，长 1~1.8 cm；舌状小花黄色；瘦果圆柱状，初淡黄色，成熟后黑绿色，无毛；冠毛污白色，长 1.3 cm，多羽毛状，羽枝蛛丝毛状；花果期 5—8（10）月。

生长于荒漠砾石地、干旱山坡、石质残丘、戈壁和沙地，海拔 1600~3000 m。

在我国分布于新疆、甘肃、宁夏、青海、陕西，中亚及蒙古国也有分布。

梳齿千里光
Senecio subdentatus Ledeb.

| 属 | 千里光属 Senecio L. |
| 科 | 菊科 Compositae |

一年生草本，高 5~25 cm。茎于基部及中部分枝，无毛。叶宽线形或长圆形，长 2.5~5 cm，宽 2~10 mm，先端略钝，基部半抱茎，全缘或有不多的齿；上部叶比较小，苞叶线形，无毛或有睫毛。头状花序排列成伞房圆锥状，花序梗长 1.5~4 mm；总苞长约 6 mm，上部宽约 6 mm，外层总苞片有或无，有时多线形，内层总苞片线形，边缘膜质；舌状花长于总苞 1.5~2 倍。瘦果柱状，密被短毛，长 3~5 mm；冠毛白色，长 5~6 mm；花果期 4—5 月。

生长于 450~700 m 的沙砾质、砾质荒漠带。

在我国分布于新疆，外高加索、西伯利亚、中亚和蒙古国也有分布。

暗苞粉苞菊

Chondrilla phaeocephala Rupr.

多年生草本，高30~70 cm。茎直立，下部稍带红色，自基部多分枝，分枝细；下部茎生叶大头羽状裂或具齿，早枯，中上部叶全缘，条形，窄条形或几近丝状。头状花序单生于枝端；总苞柱状，内层总苞片中脉清楚，深绿色，被淡黄褐色刚毛，长0.9~1 cm，外层总苞片披针形，被毛或无毛，内层总苞片条形或条状披针形，中脉深绿色，被淡黄褐色刚毛；舌状花11朵，黄色。瘦果柱状，光裸，齿冠鳞片不裂或3裂，裂时中裂片大，有时无齿冠鳞片；喙长约1 mm，关节位于喙的中部以下，冠毛白色，长6~7 mm；花果期6—9月。

生长于山前平原，山间谷地的石质或砾石山坡，海拔900~4000 m；多为砾石荒漠主要建群种。

在我国分布于新疆，阿富汗、哈萨克斯坦也有分布。

属 粉苞菊属 Chondrilla L.

科 菊科 Compositae

弯茎还阳参

Crepis flexuosa (Ledeb.) Clarke

属	还阳参属 Crepis L.
科	菊科 Compositae

多年生草本；茎枝无毛，有多数茎生叶；基生叶及下部茎生叶倒披针形、长倒披针形、倒披针状卵形、倒披针状长椭圆形或线形，连叶柄长1~8 cm，羽状深裂、半裂或浅裂，叶柄长0.5~1.5 cm；中部与上部叶与基生叶及下部叶同形或线状披针形或窄线形，并等样分裂，无柄或有短柄；叶两面无毛；头状花序排成伞房状或团伞状花序；总苞窄圆柱状，长6~9 mm，总苞片4层，外层卵形或卵状披针形，长1.5~2 mm，内层长6~9 mm，线状长椭圆形，内面无毛，总苞片果期黑色或淡黑褐色，背面无毛；舌状小花黄色；瘦果纺锤状，淡黄色，长约5 mm，有11条等粗纵肋；冠毛白色；花果期6—8月。

生长于山坡、河滩草地、河滩卵石地、冰川河滩地、水边沼泽地，海拔1000~5050 m。

在我国分布于内蒙古、山西、宁夏、甘肃、青海、新疆、西藏，蒙古国、俄罗斯、哈萨克斯坦也有分布。

石刁柏

Asparagus officinalis L.

多年生直立草本植物。地下根粗壮。茎平滑，分枝较柔软。叶状枝3~6枚成簇；鳞片状叶基部有刺状短距或近无距。花1~4朵腋生，绿色；花梗长0.8~1.4 cm；雄花花被长5~6 mm，长圆形；花丝中部以下贴生于花被片上；雌花较小，花被长约3 mm。浆果成熟时红色，球形种子2~3粒。花期5—6月，果期6—9月。

生长于平原沙质荒漠，在我国分布于新疆西北部。

具有药用价值，且幼茎可食，营养丰富，称为绿芦笋，已被开发推广成为蔬菜，全国大范围人工栽培。

属 天门冬属 Asparagus L.

科 百合科 Liliaceae

小地兔
Pygeretmus pumilio (Kerr, 1792)

属	肥尾跳鼠属	Pygeretmus
科	跳鼠科	Dipodidae

体形较小，体长90~125 mm，尾长30~157 mm，后足长46~52 mm，耳长26~30 mm。体背毛色一般为沙黄色至沙土灰色，具波状细纹；毛基灰色，近端沙黄色或土黄色，毛尖黑色；腹毛纯白色；尾背面毛色与体背相近，而腹面为白色或污白色，尾端有黑、白两色毛组成的尾穗；后足具5趾；脚背白色或灰白色，脚掌具黄褐色至暗褐色毛。栖息于地势较平坦的砾石荒漠与丘陵区的荒漠化草原。杂食，主要吃植物球根、种子、花的绿色部分和昆虫。单栖，洞居，主要于夜间活动，冬眠。春秋繁殖，每年1~2胎，每胎3~6崽。

在我国分布于内蒙古、宁夏、甘肃、新疆，国外分布于蒙古国、俄罗斯及伊朗。

• 《中国脊椎动物红色名录》：无危（LC）

黄兔尾鼠
Eolagurus luteus (Eversmann, 1840)

属	东方兔尾鼠属	Eolagurus
科	仓鼠科	Cricetidae

体长100~145 mm。外形粗硕，个体大，尾较短，耳小，四肢短，爪粗，足掌宽大；背毛夏皮沙灰色，冬皮沙黄色；脊背中央没有黑色条纹；体侧及两颊色浅，为鲜艳的黄色；腹毛淡黄色；脚背面与底面均为黄色。主要栖息于丘陵及荒漠草原，更适应干旱生境生存。夏季以植物的绿色部分为食，秋季取食种子。昼间活动，群居，不冬眠。4月中旬开始繁殖，9月中旬繁殖结束，一年产崽3~4窝，妊娠期约20天，每窝产崽平均7（3~12）只。

在我国分布于新疆、甘肃、青海和内蒙古，国外分布于哈萨克斯坦、蒙古国、俄罗斯。

• 《中国脊椎动物红色名录》：近危（NT）

双峰驼
Camelus ferus Przewalski, 1878

巨大的有蹄类动物，头体长320~350 cm；肩高160~180 cm；体重450~680 kg。头小，颈长且向上弯曲，背上的两个驼峰下圆上尖；体色金黄色至深褐色，以大腿部（股部）为最深。栖息于干旱草原、山地荒漠或半荒漠和干旱灌丛地带。食用多种荒漠植物、盐生植物。白昼活动，善于奔跑，行动灵敏，一般结成群体生活，季节性迁移。1—3月为发情季节，怀孕期约400天，每胎1~2崽。幼崽在母驼身边3~5年，4~5岁时性成熟，成年寿命可达30~40年。

据调查，当前全世界的双峰驼不到1000只，仅存于中国新疆、甘肃及其与蒙古国交界的荒漠戈壁极狭小的"孤岛"地区，种群处于下降趋势。

- 《国家重点保护野生动物名录》：Ⅰ级
- 《中国脊椎动物红色名录》：极危（CR）

属	骆驼属	Camelus
科	骆驼科	Camelidae

野马

Equus ferus Linnaeus, 1758

属	马属 Equus
科	马科 Equidae

头体长180~280 cm，肩高110~140 cm，尾长38~60 cm，体重200~350 kg。头大，颈粗，四肢粗壮；前额无长毛，颈鬃褐色，短而直立；夏毛浅棕色，两侧及四肢内侧色淡，腹部乳黄色；冬季色变浅，毛略长而粗。栖息于开阔的戈壁荒漠，适应干旱草原寒冷气候。以荒漠植物梭梭、红柳、芦苇、芨芨草等为食，冬天能刨开积雪觅食枯草。性机警，善奔跑，一般由强壮雄马为首领结成5~20头马群，营游移生活。交配期8—9月，孕期为307~348天，翌年5—6月产崽。幼崽刚出生时为浅土黄色，3岁左右性成熟，寿命30岁左右。

野外灭绝。原分布于我国新疆准噶尔盆地及甘肃、内蒙古交界的马鬃山一带。

- 《国家重点保护野生动物名录》：Ⅰ级
- 《中国脊椎动物红色名录》：野外灭绝（EW）

蒙古野驴
Equus hemionus Pallas, 1775

（属）马属 Equus

（科）马科 Equidae

体长200~260 cm，肩高120~130 cm，尾长43~48 cm，体重200~260 kg。外形似骡，体形介于家驴和家马之间，耳长而尖，吻部白色。夏毛暗褐色，冬季背毛浅褐色带沙黄色；鬃毛短而直立，腹色黄白色，四肢内侧乳白色；尾细长，尖端毛较长，一条褐色背中线从肩部向后延伸至尾基部。栖息于海拔500~1500 m的荒漠戈壁，冬季则到海拔较低的地方。主要以荒漠禾本科、藜科草类为食。具有敏锐的视觉、听觉和嗅觉，集群活动，随季节短距离迁徙。8—9月发情交配，孕期约11个月，第二年5月开始产崽，每胎1崽，也可能双胎。

在我国分布于内蒙古、甘肃和新疆；国外分布于中亚及西亚各国。

- 《国家重点保护野生动物名录》：Ⅰ级
- 《中国脊椎动物红色名录》：易危（VU）

虎鼬
Vormela peregusna (Güldenstadt, 1770)

（属）虎鼬属 Vormela

（科）鼬科 Mustelidae

体长12~40 cm。体躯细长均匀，鼻吻部短缩，耳椭圆形，四肢短粗有力，脚底的趾垫和掌垫裸露，前脚爪较后脚爪长而锐利，稍弯曲；尾长约为体长的一半。典型的荒漠、半荒漠草原动物，栖息于海拔1000~1300 m的荒漠沙丘、石质坚硬的荒原。主要捕食荒漠中各种鼠类以及荒漠上的蜥蜴和小型鸟类。性机警，凶猛，嗅觉灵敏，视觉较差，能攀树，冬眠。开春前后发情，孕期2个月左右，一般4月下旬产崽，每胎4~8个。

在我国分布于内蒙古、山西、陕西、甘肃、宁夏、青海、新疆，国外分布于阿富汗、哈萨克斯坦、亚美尼亚、阿塞拜疆、以色列、保加利亚、格鲁吉亚、希腊等地。

- 《中国脊椎动物红色名录》：濒危（EN）
- 《新疆重点保护野生动物名录》：Ⅰ级

棕尾鵟

Buteo rufinus Cretzschmar, 1829

属	鵟属 Buteo
科	鹰科 Accipitridae

体大（50~58 cm）的棕色鵟。头和胸色浅，靠近腹部变成深色，尾上一般呈浅锈色至橘黄色而无横斑。有多种色型，从米黄色、棕色至极深色，近黑色型的飞羽及尾羽具深色横斑。栖息于砾石荒漠、半荒漠和山地平原。主要以野兔、啮齿动物、蜥蜴、蛇等为食。营巢于悬崖岩石或树上，巢主要由树枝构成，里面垫有枯草。繁殖期4—7月，每窝产卵3~5枚，孵化期为28~31天，孵卵由雌雄亲鸟共同承担。

在国内指名亚种是新疆较为常见的繁殖鸟和旅鸟，迁徙或越冬期少见于新疆、西藏、云南；国外繁殖于欧洲、中亚、蒙古国、非洲。

- 《国家重点保护野生动物名录》：Ⅱ级
- 《中国脊椎动物红色名录》：近危（NT）

大鸨

Otis tarda (Linnaeus, 1758)

　　体形硕大（75~105 cm）的鸨。头灰，颈棕色，上体具宽大的棕色及黑色横斑，下体及尾下白色。繁殖雄鸟颈前有白色丝状羽，颈侧丝状羽棕色。栖息于荒漠草原、砾石荒漠及农田草地。主要吃植物的嫩叶、嫩芽、种子以及昆虫、蛙等动物性食物。通常成群活动，巢只是在地面上挖一浅坑。实行多配制，4月中旬开始繁殖，每窝2枚，孵化期31~32天。雏鸟为早成鸟，由雌鸟照顾和喂食，30~35日龄长出飞羽。

　　在我国分布于新疆、内蒙古、东北，国外分布于欧洲、非洲、中亚等地。

属	大鸨属　Otis
科	鸨科　Otididae

- 《国家重点保护野生动物名录》：Ⅰ级
- 《中国脊椎动物红色名录》：濒危（EN）

波斑鸨

Chlamydotis macqueenii (J. E. Gray, 1832)

属	波斑鸨属 Chlamydotis
科	鸨科 Otididae

中等体形（55~65 cm）的斑驳褐色鸨。下体偏白，繁殖期雄鸟颈灰色，颈侧具黑色松软丝状羽；飞行时双翼可见黑色粗大横纹，初级飞羽羽尖黑色，基部具大的白色斑块。栖息于视野开阔、地势平坦的荒漠和半荒漠戈壁，喜欢在猪毛菜灌丛下纳凉。主要吃植物的嫩叶、嫩芽、种子以及昆虫、蜥蜴、蛙等动物性食物。性胆怯而机警，善奔跑。营巢于荒漠和半荒漠中具有稀疏植物的沙丘上以及草原岩石地区，巢为一个浅坑，里面没有任何内垫物。繁殖期4—7月，每窝产卵2~4枚，孵化期23天，雏鸟为早成鸟。

在我国分布于新疆、甘肃、内蒙古，国外见于中亚和西亚。

- 《国家重点保护野生动物名录》：Ⅰ级
- 《中国脊椎动物红色名录》：濒危（EN）

小鸨

Tetrax tetrax (Linnaeus, 1758)

体小（40~45 cm）的黄褐色鸨。上体多具杂斑，下体偏白。繁殖期雄鸟具黑色翎颌，其上的白色条纹于颈前呈"V"形，下颈基部具另一较宽的白色领环。栖息于针茅属、蒿属植物或其他灌木的荒漠草原、山前丘陵。主要吃植物的嫩茎、叶、花、谷粒及甲虫、蟋蟀、蝗虫等昆虫。营巢于偏僻而开阔的荒漠草地，通常利用地上天然凹坑，里面铺垫一些枯草。繁殖期为4—5月，每窝产卵3~4枚，能补产第2窝卵，孵化期20~22天，雏鸟为早成鸟。

迁徙季节罕见于中国西北部。近年来在新疆北部的塔额盆地发现一个较大的种群，每年秋季在草原集群；国外分布于俄罗斯、中东及中亚，迷鸟分布达印度西北部。

属	小鸨属	Tetrax
科	鸨科	Otididae

- 《国家重点保护野生动物名录》：Ⅰ级
- 《中国脊椎动物红色名录》：数据缺乏（DD）

猎隼

Falco cherrug J. E. Gray, 1834

属	隼属 Falco
科	隼科 Falconidae

体大（42~60 cm）且胸部厚实的浅色隼。眉纹白；颈背偏白，头顶浅褐色；上体多褐色而略具横斑，与翼尖的深褐色形成对比；尾具狭窄的白色羽端；下体偏白，翼下大覆羽具黑色细纹。栖息于荒漠开阔地带，尤喜稀树多砾石的荒漠平原、低山丘陵。主要以中小型鸟类、野兔、鼠类等动物为食。大多营巢于悬崖石缝中，巢用枯枝等构成，内垫有兽毛、羽毛等物。繁殖期4—6月，每窝产卵3~5枚，孵化期28~30天。雏鸟晚成性，由雄雌亲鸟共同喂养40~50天后，才能离巢。

在我国分布于西北和东北地区，在华北、华东、西南等地区为旅鸟和冬候鸟；国外繁殖于东欧、中东、中亚，越冬于中东、西亚、印度北部和非洲东部。

- 《国家重点保护野生动物名录》：Ⅰ级
- 《中国脊椎动物红色名录》：濒危（EN）

白翅百灵

Alauda leucoptera (Pallas,1811)

体大（17~19 cm）而翼长的百灵。嘴略短而粗厚，合翼时具明显的白斑，成鸟肩部棕色。雄鸟的顶冠及耳羽棕色而无细纹，尾具白色宽边。栖息于半干旱和半荒漠平原，尤其是长有稀疏和矮小植物的盐碱地带。主要以直翅目、鳞翅目、半翅目、膜翅目等昆虫为食，也吃植物种子等植物性食物。营巢于开阔平原低洼处，巢呈杯状。繁殖期5—7月，每窝产卵4~6枚，少数产第2窝，孵化期约12天。双亲共同哺育，幼鸟在8天后离巢，且在14~15天后飞行。

在我国分布于新疆，国外分布于俄罗斯、乌克兰、中亚等地。

属	百灵属	Melanocorypha
科	百灵科	Alaudidae

- 《中国脊椎动物红色名录》：无危（LC）

靴篱莺

Iduna caligata (Lichtenstein, 1823)

属	篱莺属 Iduna
科	苇莺科 Acrocephalidae

体小（11~12.5 cm）的褐色莺。嘴甚小，具白色的眼圈，近白的眉纹长而宽且远伸于眼后。上体纯灰褐色，下体乳白色，两胁及尾下覆羽沾皮黄色，尾平，外侧尾羽白色。栖息于稀疏树木的林间灌丛、草地，近荒漠的农田及渠边灌丛等。主要以鞘翅目、鳞翅目、直翅目等昆虫及幼虫为食。巢多置于有遮挡的灌木侧枝上，巢呈杯状，外层主要由枯草茎、草叶、草根等编织而成，内层为较细软的草茎和一些松软植物。繁殖期5—7月，每窝产卵4~6枚，孵化期13~14天。

在我国分布于内蒙古、新疆，国外分布于俄罗斯、蒙古国、哈萨克斯坦、塔吉克斯坦、吉尔吉斯斯坦、巴基斯坦。

• 《中国脊椎动物红色名录》：无危（LC）

白顶䳭
Oenanthe pleschanka (Lepechin, 1770)

中等体形（14~16.5 cm）的䳭。雄鸟上体全黑，仅腰、头顶及颈背白色，外侧尾羽基部灰白，下体全白仅颏及喉黑色。栖息于干旱而较贫瘠的荒漠多卵石的草地，山地荒漠的多石地段、山前缓坡、灌丛、矮树或岩石间。主要以甲虫、象甲、蝗虫、鳞翅目幼虫等昆虫及幼虫为食，也吃少量植物果实和种子。通常置巢于岩坡、堤坝岩石缝隙，巢呈碗状，主要由枯草茎、叶和草根等材料构成，有的巢内垫有细草茎、兽毛或羽毛。繁殖期5—7月，每窝产卵4~6枚，雌雄轮流孵卵。

在我国分布于辽宁、河北、河南、陕西、山西、内蒙古、宁夏、甘肃、新疆、青海、四川，国外分布于欧洲、非洲及亚洲大部分地区。

属	䳭属	Oenanthe
科	鹟科	Muscicapidae

• 《中国脊椎动物红色名录》：无危（LC）

平原鹨

Anthus campestris Linnaeus, 1758

属 鹨属 Anthus	
科 鹡鸰科 Motacillidae	

　　体大（15.5~18 cm）。甚似理氏鹨但体形略小而腿较短，姿势较平。沙灰色上体的纵纹不明显，浅皮黄色下体几无细纹，后爪较短而弯曲且跗跖较短。栖息于开阔低山丘陵和山脚地带，尤其喜欢干旱荒漠草原和半荒漠戈壁地区。食物主要有鞘翅目、膜翅目、双翅目、直翅目等昆虫及幼虫，偶尔也吃少量植物性食物。巢通常筑在农田地边附近的草地凹坑或草丛旁。巢由枯草叶、枯草茎构成，内垫有细的草根和毛发。繁殖期5—7月，每窝产卵4~6枚，雌雄亲鸟共同育雏，在巢期12~14天。

　　在我国分布于新疆、内蒙古，国外分布于欧洲、伊朗。

• 《中国脊椎动物红色名录》：无危（LC）

蒙古沙雀

Bucanetes mongolicus (Swinhoe, 1870)

属 沙雀属 Bucanetes	
科 燕雀科 Fringillidae	

　　中等体形（11~14 cm）的纯沙褐色沙雀。嘴厚重而呈暗角质色，翼羽的粉红色羽缘通常可见。繁殖期雄鸟粉红色较深，大覆羽多绯红色，腰、胸及眼周沾粉红色，与其他沙雀的区别在于羽色单一且嘴色较浅，虹膜深褐色，嘴角质色，脚粉褐色。栖息于荒漠和半荒漠等开阔地区及裸露的岩石山坡、悬崖、有零星草丛和灌木生长的岩石平原。主要以各种野生植物的种子为食，也吃嫩叶、芽苞、花蕾和果实等。性胆大，成群活动。营巢在石头和岩壁缝隙中或洞中，巢呈杯状。繁殖期5—6月，每窝产卵3~5枚。

　　在我国分布于内蒙古、宁夏、甘肃、青海、新疆及河北，偶见于长白山；国外分布于中亚、非洲。

• 《中国脊椎动物红色名录》：无危（LC）

快步麻蜥
Eremias velox (Pallas, 1771)

　　头体长45~65 mm，尾长85~133 mm。体单薄，鼻低，常与鼻孔及第2、3上唇鳞相连。雄体后腿能抵达颈部，尾长是头体长的1.5~2倍。体灰褐色或深褐色，有纵向排列的深色斑点。荒漠地带的典型蜥蜴，生活于西部沙漠和戈壁地区。白天活动，在灌木和草丛中捕食昆虫，尤以蝗虫最多。雄蜥在繁殖期内腹部、大腿后缘和尾下呈现橘红色。卵生，怀卵数2~8枚，卵径9.4 mm×6.2 mm。

　　在我国分布于新疆天山东部和北部的广大地区，往东到达内蒙古及甘肃；国外分布于哈萨克斯坦、伊朗、阿富汗、巴基斯坦和蒙古国。

属	麻蜥属	Eremias
科	蜥蜴科	Lacertidae

· 《中国脊椎动物红色名录》：无危（LC）

草原蜥
Trapelus sanguinolentus (Pallas, 1814)

属 草原蜥属 Trapelus

科 鬣蜥科 Agamidae

又名草原鬣蜥，体长可达170 mm，雄性体长显著大于雌性。头体扁平，头长略大于头宽；吻棱略显，鼻孔位于其下方且略朝向两侧；眼适中，瞳孔圆形；躯干粗扁，腹部膨大；四肢粗短，指、趾亦短；后肢贴体前伸达肩部或胸部；尾基部粗扁，其余部分呈圆柱状，末端较钝。主要栖息于灌木或半乔木的荒漠与半荒漠环境。以昆虫、蜘蛛等动物为食，也吃植物的花、茎、叶等。5月下旬至6月，怀卵或胚胎数一般2~4个，7月下旬雌蜥开始产崽，8月中旬以后可见到大量当年的幼蜥。

在我国分布于新疆西部天山地区；国外分布于高加索东部、里海东岸及哈萨克斯坦东部，向南到伊朗及阿富汗北部。

• 《中国脊椎动物红色名录》：无危（LC）

蓝钢灰蝶
Glabroculus cyane (Eversmann, 1837)

| 属 | 钢灰蝶属 | Glabroculus |
| 科 | 灰蝶科 | Lycaenidae |

　　小型蝶类，翅展24~36 mm，雄蝶翅正面金属蓝色，脉纹黑色，前翅中室端斑细弱，翅外缘有黑边。前翅反面灰白色，中室端斑显著，中列点、亚外缘点、外缘点互相分离，均清晰可见，3列点之间具白色鳞片，后翅反面臀角处有1~2个蓝色斑，亚外缘的橙色斑列在臀角蓝斑处发达，向后翅前缘方向逐渐退化。雌蝶反面与雄蝶类似，但正面为棕色，仅在翅基部有少量的蓝色鳞片。成虫期5—7月，喜好裸露沙土的陡坡，飞行灵敏快速，但不会远离寄主植物。幼虫取食白花丹科补血草属和驼舌草属植物。

　　新疆北部荒漠地区罕见的蝶类，栖息于海拔700~2800 m的荒漠及干旱草原。在我国分布于新疆、甘肃、内蒙古，国外分布于哈萨克斯坦、吉尔吉斯斯坦、乌兹别克斯坦、蒙古国和俄罗斯。

普枯灰蝶
Cupido prosecusa (Erschoff, 1874)

| 属 | 枯灰蝶属 | Cupido |
| 科 | 灰蝶科 | Lycaenidae |

　　小型蝶类，翅展20~32 mm，雄蝶翅正面天蓝色，翅外缘黑色带极狭窄。翅反面底色灰色，翅基部无灰蓝色鳞片，前后翅中列点完整，为外围白色圈的棕色点，亚外缘的斑纹退化模糊。雌蝶正面棕色，反面与雄蝶相似。成虫期4—8月，飞行缓慢，仅见于灌溉渠道或河道附近的荒漠边缘，不出现在荒漠腹地和梭梭林中。幼虫取食豆科苦马豆属和铃铛刺属植物。

　　新疆北部荒漠地区偶见的蝶类，栖息于海拔500~1700 m的荒漠、河谷灌丛、干旱草原等。在我国分布于新疆，国外分布于哈萨克斯坦、吉尔吉斯斯坦、乌兹别克斯坦、塔吉克斯坦、土库曼斯坦、蒙古国。

第五章

沙漠及常见物种

Chapter Five

一、沙漠

　　沙漠是指地面完全被沙所覆盖、植物稀疏、雨水稀少、空气干燥的荒芜地区，是西北荒漠类型中面积最大的一类，其总面积达到 33.7×10^6 hm²。中国沙漠总面积约 7.0×10^5 km²，如果连同50多万平方千米的戈壁在内总面积则为 1.28×10^6 km²，占全国陆地总面积的13%。中国西北干旱区是中国沙漠最为集中的地区，约占全国沙漠总面积的80%，我国著名的八大沙漠分别是：塔克拉玛干沙漠、古尔班通古特沙漠（准噶尔盆地沙漠）、巴丹吉林沙漠、腾格里沙漠、库木塔格沙漠、柴达木盆地沙漠、库布齐沙漠、乌兰布和沙漠。

　　沙漠的组成物质以细沙为主，按沙丘的活动程度来分，可分成固定沙丘、半固定沙丘和流动沙丘三类。固定和半固定沙丘分布在沙漠边缘和外围，流动沙丘分布在腹地。在塔里木盆地，流动沙丘是沙漠的主要类型，它占沙漠面积的 85%。除了固定和半固定沙丘植被覆盖度比较高外，流动沙丘区域几乎没有植被。沙漠地表起伏不平，类型多样，有新月形沙丘、新月形沙丘链、新月形沙垄、复合型纵向沙垄、复合型横向沙垄、穹状沙垄、鱼鳞状沙丘、金字塔沙丘等各种形态的沙丘。

　　沙生生物群落的构成多样，拥有非常丰富的生物形态，包含的类型从原植体一直到灌木和乔木植物（乔木、灌木、草本和苔藓类植物），沙漠植被有自己特殊的物种构成和生物学特性，具有遗传进化的完整性和独特性。处于干旱、半干旱地区的沙地基本属于物理性干旱的生态环境，因此在固定沙地上形成的植物群落，一般都属于旱生性的，群落组成的优势种都具有适应干旱的形态特征和生理功能。沙地生境的发展和植物群落的演替都表现出明显的阶段性并带有深刻的地带性烙印，通常根据沙生植物群落演替的时期和沙丘固定的程度可划分为流动、半固定、固定三个阶段。

　　一、二年生沙生植物是沙漠主要植被类型之一：通常为定居于裸露沙地上的第一批植物，成为沙生先锋植物，这是在沙土固定过程中自然筛选的一组特殊植物生态类群，它们高度适应沙粒在风力作用下流动所引起的沙埋、沙暴的不良影响，许多在短时间内即能完成生活史周期，或根系强大，对沙丘具有初步的固网作用，而且茂密的枝叶能减弱空气流动速度，对沙丘的位移可起某种延阻作用，有助于后续植物的定居和沙丘的进一步稳定。它们是最先出现在流动性裸露沙地上的急先锋植物，分布最广泛的有藜科、十字花科和菊科的一些代表植物。例如：藜科的沙蓬（*Agriophyllum squarrosum*）、刺沙蓬（*Salsola tragus*）、对节刺（*Horaninowia ulicina*）、雾冰藜（*Bassia* dasyphylla）、虫实属（*Corispermum* spp.）、角果藜（*Ceratocarpus arenarius*）等，十字花科的沙芥（*Pugionium cornutum*）、宽翅菘蓝（*Isatis violascens*）、棱果芥（*Syrenia siliculosa*）等，菊科的猪毛蒿（*Artemisia scoparia*）等，以上物种是西北温带沙漠地区流动、半流动沙丘上最先出现的广布种。

根茎形禾草-苔草沙生植物群系：这是进展性很强的一组沙生植物，多为多年生的长根茎大型禾草，主要群系有沙鞭（*Psammochloa villosa*）和分布于准噶尔盆地通古特沙漠的大赖草（*Leymus racemosus*）以及莎草科的囊果苔草（*Carex physodes*），它们都是这种类型群系最典型的代表植物，普遍生于流动性裸露沙丘及次生沙质撂荒地上，具有十分强大而又生长迅速的根茎系统，最长能达50 m左右，深入沙层，交织分布，可形成密集的根网，具有极为良好的固沙功能。此外，在其次生沙质撂荒地上则经常可见到白草（*Pennisetum centrasiaticum*）、假苇佛子茅（*Calamagrostis pseudophragmites*）所形成的先锋群落。

根蘖型杂草类沙生植物群系：这种类型的代表植物群系有禾本科的皮山蔗茅（*Erianthus ravennae*）、羽毛三芒草（*Aristida pennata*）、沙生针茅（*Stipa glareosa*），菊科的蓼子朴（*Inula salsoloides*），萝藦科的牛心补子、喀什牛皮消（*Cynanchum kaschgaricum*），豆科的苦豆子（*Sophora alopecuroides*）和鸢尾科的细叶鸢尾（*Iris*

斧翅沙芥

tenuifolia）等。以上这类植物喜生于水分条件相对比较优越的固定、半固定沙丘或轻盐化覆沙地上。它们依靠垂直根茎蘖生不定根和不定芽，因此，占领空间的能力不及根茎性沙生植物强盛，且多为后继成分，但其固定性较强，一旦定居，即能繁衍滋生形成群聚。其中有些种还有很强的竞争能力，覆盖很大的沙地面积，如苦豆子在库布齐沙带北缘的冲积性沙地上，形成很大面积的纯群系，构成重要的沙生植物资源。

小半灌木型和半灌木型植物群系：这一类型主要由沙生小半灌木或半灌木为建群种的植物群系，比如广泛分布于古尔班通古特沙漠和内蒙古各大沙漠的黑沙蒿（*Artemisia ordosica*）、圆头蒿（*Artemisia sphaerocephala*）、豆科的高大半灌木细枝岩黄耆，生于准噶尔盆地半固定沙丘的准噶尔无叶豆（*Eremosparton songoricum*）等。这类植物为强耐旱的荒漠沙生半灌木，在沙质荒漠区流动，半流动沙丘的背风坡下部常呈斑块状群聚。

古尔班通古特沙漠准噶尔无叶豆

小乔木型和灌木型沙生植物群系：此类型植物多分布在湿润的丘间低地，流动、半流动裸露沙地，在河岸、湖盆边缘形成的沙丘间。其代表植物有藜科的梭梭属，杨柳科杨属的胡杨和灰胡杨（*Populus pruinosa*）、柳属的沙柳（*Salix cheilophila*），柽柳科柽柳属的多种柽柳（多枝柽柳、刚毛柽柳、沙生柽柳等），蓼科的沙拐枣属［沙拐枣、阿拉善沙拐枣、红皮沙拐枣（*Calligonum rubicundum*）、淡枝沙拐枣（*C. leucocladum*）等］、木蓼属［沙木蓼（*Atraphaxis bracteata*）、刺木蓼（*A. spinosa*）、额河木蓼（*A. irtyschensis*）等］等多种灌木构成。胡杨和灰胡杨为建群种的群系通常分布在河岸、湖盆边缘形成的沙丘间，在秋季，金色胡杨，盘根错节，千姿百态，奇美无比；梭梭群系是沙质荒漠占地面积最大的生态体系，它形成了中亚沙漠最原生的地貌景观，通常还伴生有沙拐枣属、膜果麻黄、霸王、红砂及多枝柽柳，或边缘生长稀疏的骆驼刺、花花柴等；在半流动沙丘或固定沙地上则是以沙拐枣属（不同地域环境为不同种的沙

塔里木胡杨林

拐枣群系)、沙木蓼、刺木蓼、柠条锦鸡儿、沙冬青为建群种的荒漠群系。

　　齿肋赤藓（*Syntrichia caninervis*）群系的特点主要表现为在植被中生长有沙漠苔藓植物－齿肋赤藓和几种地衣，它们使地表呈现一种暗灰色。赤藓属植物在温带沙漠分布很广，可出现在各种不同类型的石质和沙质荒漠植物群系中。苔藓类植物可形成密实的垫状层出现在蒿（*Artemisia* spp.）丛、猪毛菜（*Salsola* spp.）丛中，有效地促进了凋落物或者有机物能够在土壤中储存下来，这样的情况可以在沙脊的背阴坡经常看到。这类苔藓类植物在早春比较活跃，然后就进入热休眠状态，冬季进入解冻天气的时候也会苏醒。苔藓很少形成密闭的垫层，发育良好的苔藓类植物也不是连续分布，而是呈斑块状，被一些可能原来也生长着苔藓的裸露沙土隔开。当苔藓植物覆盖面积超过凹地谷底的60%～70%的时候就很少有地衣混生了。在赤藓相对稀疏的情况下偶尔会混杂少量的苔草，显示了这种植物的郁闭性。

　　沙漠动物是指在沙漠中生活的动物。具有自身保持水分和抵抗高温的能力，以及适应沙漠生活的形态特征，如可利用有机物分解产物的水、减少皮肤呼吸、夜行性、通过发汗和喘气的气化热发散、与沙地相似的体色以及扁平而宽大的脚等。此外，对于饥饿的耐受性要比近缘种大得多，同时大都具有移动能力。为了躲避高温和干旱，大多数沙漠鸟类只在黎明和日落后的数小时内活动，大多数哺乳动物和爬行动物都在黄昏以后才出来活动，一些啮齿类动物晚上才出来活动。动物区系组成中亚型占绝对优势，在边缘地区有一些北方型分布。代表物种有五趾跳鼠、人沙鼠、黑尾地鸦、白尾地鸦、黑顶麻雀（*Passer ammodendri*）、四爪陆龟、吐鲁番沙虎、大耳沙蜥、东方沙蟒、富丽灰蝶等。

齿肋赤藓

二、常见物种

毛头鬼伞
Coprinus comatus (O. F. Müll.) Pers.

属	鬼伞属 Coprinus Pers.
科	伞菌科 Agaricaceae

担子果单生、散生至群生。菌盖初期圆柱形，顶端圆，高8~12 cm，渐呈钟形，最后平展呈伞形，宽6~15 cm，盖面初期光滑，后表皮开裂，形成平伏而反卷的羊毛状鳞片；鳞片先端黄褐色，带红色；盖面初期白色，中央淡锈色，后期变为褐色；盖缘平坦，后期有条纹，最后反卷，菌肉白色，中央厚，四周薄。菌柄白色，圆柱形，长10~20 cm，粗1~2 cm，基部稍膨大，常弯曲，中空。菌环白色，膜质，中位，能上下移动，易消失。菌褶离生，稠密，宽6~10 mm，白色，前端粉色，后变黑色，孢子成熟时自边缘向中央次第融化。孢子印黑色；孢子黑色，光滑，椭圆形，（12~16）μm×（7.5~9）μm。囊状体袋状，（40~60）μm×（18~28）μm。

夏、秋季生于林旁、草原、田地、沃土或粪堆旁。亚洲、欧洲、大洋洲和北美洲均有分布。

可食用，肉嫩、营养丰富；可药用，有益脾胃、清神宁智、治疗痔疮等功效。

• 《中国生物多样性红色名录》：无危（LC）

褐缘鳞蘑菇
Agaricus squamuliferus (Moller) Pilat

属	蘑菇属	Agaricus L.
科	伞菌科	Agaricaceae

子实体小至较大，菌盖直径4.5~13 cm，半球形、扁至平展，中部稍下凹，污白色，表面土褐色被毛鳞片且往往边沿多，菌肉白色，伤处变色不明显。菌褶粉红色至黑褐色，离生，较密，边沿齿状。菌柄长3~7 cm，粗1.5~2.3 cm，柱状或近棒状，污白色，光滑，内实。菌环白色，膜质，双层，生柄上部，易脱落。孢子褐色至紫褐色，光滑，近球形或卵圆形，（5.5~7.5）μm×（4.5~5.5）μm，担子4个孢。褶缘囊体棒状丛生。

地上单生或散生，在我国分布于新疆、北京等地。

为可食用大型真菌。

暗色泡鳞衣中亚亚种
Toninia tristis subsp. asiae-centralis (H. Magn.) Timdal

属	泡鳞衣属	Toninia A.Massal.
科	树花衣科	Ramalinaceae

地衣体散生至相邻鳞片状、鳞片稍微凸起、中间强烈内凹呈裂缝状的圆形，鳞片直径2.4~6.1 mm，淡板栗色、褐色至深褐色，表面光泽至发暗、无被粉霜覆盖以及上生群多小黑点，子囊盘黑色，表面扁平或微凸出，上无粉霜，直径1~3 mm，盘缘一直保存并与盘面同色，子囊棍棒状，囊体为无色的椭圆形至纺锤形，双胞的8孢。

本种大部分生长在荒漠的土壤中，也有生长在岩面上。

在我国分布于新疆、内蒙古、甘肃，广布于北半球。

巴楚蘑菇

Helvella bachu Q. Zhao, Zhu L. Yang & K. D. Hyde, sp. nov.

属 马鞍菌属	Helvella L.
科 马鞍菌科	Helvellaceae

又名巴楚马鞍菌，子囊果小至中型。菌盖直径2.2~5.6 cm，常具3~4个裂片，稀5裂片，形似马鞍，表面具茸毛，边缘弯曲呈波状，部分与菌柄相连，浅褐色至黑褐色，裂片下污白色至浅褐色。无菌褶或菌孔；菌肉薄，白色。菌柄（2~7）cm×[1~3（5）] cm，白色至乳白色，棒状，下部膨大，多有沟，中空。气味和味道较强。子囊（139~167）μm×（14.7~19.6）μm，长棒状至长圆柱形，顶端钝圆，内含8个子囊孢子，单行排列，无色透明或浅黄色。子囊孢子（15.5~19.6）μm×（12~14.5）μm，长椭圆形、椭圆形至宽卵形，光滑，无色至浅黄色，内具有明显液泡。菌盖皮层菌丝4~6 μm。巴楚蘑菇顶部是黑褐色的木耳状，整株形状如同蘑菇上面嫁接了木耳一般，中有凹坑，菌柄乳白色，下粗上细，中空，根部主体亦呈圆形，有须根。

巴楚蘑菇是叶尔羌河水、千年胡杨树、干旱少雨的大漠气候条件经大自然融合孕育出的一种绿色珍稀食用菌；巴楚蘑菇生长在特殊的自然环境中，主要分布在河岸的胡杨林中，这里土壤肥沃，气候干燥。每年4月下旬至5月中旬，春雨过后或春水稍浸地表，巴楚蘑菇便在胡杨树下的腐殖土中零星破土而出。

钝叶芦荟藓

Aloina rigida (Hedw.) Limpr

属	芦荟藓属	**Aloina** Kindb.
科	丛藓科	Pottiaceae

　　植物体小，初期显棕绿色到棕色，后期显红棕色，密集或疏散丛生；茎很短，单一或稀杈状分枝，茎中轴未分化或分化不明显；叶片厚，肉质，干燥时内卷，潮湿时伸展，卵圆形或椭圆形，强烈内凹；中肋扁平而宽，长达叶尖消失，腹部上部生多数绿丝体，分枝先端增厚显高凸状，叶边全缘；蒴柄短，直立或稍扭曲；孢蒴椭圆形，蒴齿往左旋转，孢蒴外层细胞结构紧密，大型，薄壁，呈六角形，无环带；蒴帽圆锥形，平滑；孢子较大，球形或椭圆形，淡棕色，表面具不规则条纹或刺状凸起。

　　生长于干旱、半干旱地带的岩石、沙质土面或土墙。

　　在我国分布于西北、西南，印度、蒙古国以及欧洲、南北美和北非也有分布。

卵叶盐土藓

Pterygoneurum ovatum (Hedw.) Dix

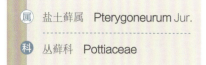

（属）盐土藓属　Pterygoneurum Jur.

（科）丛藓科　Pottiaceae

植物体矮小，绿色或黄绿色，密丛生；茎直立，单一或基部分枝；叶长卵形或椭圆形，叶缘稍背卷，中肋粗壮，向上突出透明，具锐齿的短毛尖，腹面上方着生2~4条绿色栉片，叶上端圆角方形，基部细胞圆方形或椭圆形，平滑或背部具稀疏的马蹄形疣；蒴柄较长，孢蒴圆柱形，高出苞叶；孢蒴球形，黄棕色，19~21.5 μm。

生长于干燥岩石上的沙质表面上。

在我国广布，蒙古国、俄罗斯、北美洲和非洲也有分布。

盐土藓

Pterygoneurum subsessile (Brid.) Jur.

植物体矮小，银白色或黄绿色，密丛生；茎直立，单一或基部分枝；叶卵圆形或三角状卵形，叶缘稍背卷，中肋粗壮，向上突出透明，平滑短毛尖，腹面上方着生2~4条绿色栉片，叶上端圆角方形，基部细胞圆角方形或角方形；孢蒴卵球形，孢蒴埋在苞叶里。

生长于荒漠带轻度盐碱沙土面或沙岩面的薄土上。

在我国分布于西北，蒙古国、中亚、欧洲、北美洲和非洲也有分布。

属	盐土藓属　Pterygoneurum Jur.
科	丛藓科　Pottiaceae

齿肋赤藓
Syntrichia caninervis Mitt

属 赤藓属	Syntrichia Brid.
科 丛藓科	Pottiaceae

植物体矮小，黑色；茎直立，单一或杈状分枝，高0.6~1.2 cm；叶边缘强烈背卷；中肋粗壮，突出叶尖成白色长毛尖，毛尖和中肋背面具分杈的刺状齿；叶上部细胞圆方形或六角圆形，薄壁，两面均具半月形疣，叶横切面为单层与双层细胞相间排列；基部细胞长方形，平滑。

在极端干旱、贫瘠、强风沙的自然条件下，以垫状、丛集或毯状的形式聚集地生长在一起，呈休眠状态，似一层灰黑色的"壳"覆盖在沙漠表面。

生长于固定沙丘。

在我国分布于古尔班通古特沙漠、腾格里沙漠，美国莫哈维沙漠也有分布。

卷叶墙藓
Tortula atrovirens (Smith) Lindb

属	墙藓属	Tortula Hedw.
科	丛藓科	Pottiaceae

　　植物体矮小，0.4~0.6 cm，上端深绿色，下端棕色，密丛生；茎直立，不规则分枝；叶片披针形或长卵形，中肋粗壮，向上伸出一平滑短尖头，横切面为8~10个大型腹部表皮细胞，上部细胞圆方形或六边形，具半月形疣，基部细胞方形或长方形，加厚；孢蒴直立，圆柱形，蒴盖具长喙，蒴齿直立，密被疣，基膜低；孢子密被细疣。

　　生长于干燥处岩面或岩面薄土。

　　在我国广布，印度、蒙古国、澳大利亚及欧洲、南北美洲、非洲也有分布。

卵叶紫萼藓
Grimmia ovalis (Hedwig) Lindb

属	紫萼藓属	Grimmia Hedw.
科	紫萼藓科	Grimmiaceae

　　植物体深绿色至棕黑色，疏松丛生。茎直立至上倾，具中轴。叶卵形至披针形，干燥时直立至曲折，覆瓦状，湿润时半倾立，内凹；叶缘扁平，略内折，上部两层，下部单层；叶急尖；毛尖圆柱状，略具细齿，没下延；中肋单一，叶上部弱分化，贯顶；基部中肋两侧细胞长矩形，平滑至具小节疣，厚壁；基部近边缘细胞长方形，具厚横壁和薄纵壁，无分化；叶中部细胞圆形至方形，厚壁；叶上部细胞方形，厚壁，两层，平滑；雌雄异株。蒴柄直；孢蒴伸出，卵形，平滑，黄褐色；具气孔；环带，由2~3行长方形的厚壁细胞组成；蒴齿上部具裂口，表面具密疣；蒴盖具斜喙；蒴帽兜状；孢子8~11 μm，平滑。

　　生长于干旱、半干旱地区的沙漠固定沙地、稀生于岩面沙质薄土。

　　在我国分布于西北，中亚、欧洲、北美洲、非洲也有分布。

葫芦藓

Funaria hygrometrica Hedw.

属　葫芦藓属　**Funaria** Hedw.

科　葫芦藓科　**Funariaceae**

植物体中等，黄绿色；茎单一或分枝；叶片在茎先端簇生，阔卵圆形或卵状披针形，叶先端急尖；叶边全缘，内卷；中肋长达叶尖或突出叶尖；叶上部细胞不规则多边形，薄壁；叶基部细胞长方形；孢蒴梨形，垂倾，具明显的台部，蒴壁干燥时有纵沟；蒴齿两层；蒴盖圆盘状，顶端稍凸。

生长于田边、富含氮肥的土面上、火烧地上、林缘或路边土面上。在世界广布。

双穗麻黄
Ephedra diotachya L.

　　小灌木，高15~25 cm，具匍匐根茎，地上茎1~2节间，在其顶端节上发出轮生侧枝，形成无明显主干的垫状灌丛；小枝末端呈螺旋状或"之"字形弯曲，少直；叶2枚对生，或在枝下部3枚轮生，基部连合成鞘筒，裂片尖三角形；雄球花常3枚簇生短枝端，总苞片阔卵形，反折；雌球穗单一或成束，边缘无膜质，珠被管直，成熟时红色，浆果状。种子通常2粒，披针形，先端有小尖头。花期5—6月，种子成熟期7月。

　　生长于沙地、山前冲积扇、石质低山坡、荒漠化草原。在我国分布于新疆，欧洲、非洲、中亚也有分布。

　　本种含麻黄碱，可做药用。

属	麻黄属	Ephedra L.
科	麻黄科	Ephedraceae

胡杨
Populus euphratica Oliv.

属	杨属 Populus L.
科	杨柳科 Salicaceae

　　落叶乔木，高10~20 m，稀灌木状。叶形多变化，苗期及幼枝叶长枝和幼苗、幼树上的叶线状披针形或狭披针形，全缘或不规则的疏波状齿牙缘；花枝叶卵圆形、卵圆状披针形、三角伏卵圆形或肾形，先端有2~4对粗齿牙，基部楔形、阔楔形、圆形或截形，两面同色；雌雄异株，柔荑花序；花序轴有短茸毛。雄花序圆柱形，雄蕊15~25，花药紫红色，花盘膜质，雌花序长2~3 cm，果期长达9 cm，柱头2~3瓣裂，紫红色；蒴果长卵圆形；种子细小，淡棕褐色。花期5月，果期7—8月。

　　生长于荒漠河流沿岸、河漫滩冲积沙地或沙丘。在我国分布于新疆、内蒙古、甘肃、青海，蒙古国、俄罗斯、埃及、叙利亚、印度、伊朗、阿富汗、巴基斯坦等地也有分布。

　　能忍受荒漠中干旱的环境，对盐碱有极强的忍耐力，可保持水土，园林绿化。胡杨能生长在高度盐渍化的土壤上，并能通过茎叶的泌腺排泄盐分，形成白色或淡黄色的块状结晶，可入药。

沙木蓼
Atraphaxis bracteata A. Los.

属	木蓼属 Atraphaxis L.
科	蓼科 Polygonaceae

　　灌木，高可达 1.5 m。主干直立粗壮，淡褐色，无毛，肋棱多分枝；枝斜生或成钝角叉开，顶端具叶或花。托叶鞘圆筒状，膜质，叶革质，叶片长圆形或椭圆形，长 1.5~3.5 cm，宽 0.8~2 cm，边缘微波状，下卷，两面均无毛，叶柄无毛。总状花序，顶生，苞片披针形，膜质，花梗关节位于上部；花被片 5，绿白色或粉红色，网脉明显；雄蕊 8，花柱 3；瘦果卵形，具三棱形，黑褐色，光亮。花果期 6—8 月。

　　生长于海拔 1000~1500 m 的流动沙丘低地及半固定沙丘，沙埋后经常能继续生长发育。是优良的防风固沙及饲用植物。

　　在我国分布于内蒙古、宁夏、甘肃、青海及陕西，蒙古国也有分布。

刺木蓼
Atraphaxis spinosa L.

属	木蓼属 Atraphaxis L.
科	蓼科 Polygonaceae

　　灌木，高 30~60 cm，分枝多，展开；老枝木质化，顶端无叶呈刺状，树皮灰褐色；当年次生枝顶端无叶，很快木质化。叶圆形、卵形或倒卵形，全缘，两面无毛，灰绿色或蓝绿色，具短柄；托叶鞘筒状，膜质。总状花序间断，短，花淡红色具白色边缘或白色，花被片 4，排成 2 轮，外轮 2 片较小，反折，内轮 2 片果期增大；花梗中部或稍下具关节。瘦果平扁，宽卵形或卵形，淡褐色，有光泽。花果期 5—8 月。

　　生长于盐渍化干旱山坡、荒漠沙地、戈壁滩，海拔 700~2000 m。在我国分布于新疆，伊朗、阿富汗、哈萨克斯坦、俄罗斯、蒙古国也有分布。

淡枝沙拐枣

Calligonum leucocladum (Schrenk) Bge.

灌木，高通常50~120 cm。老枝黄灰色或灰色，拐曲；当年生幼枝灰绿色。叶条形，易脱落。花较稠密；花梗近基部或中下部有关节；花被片宽椭圆形，白色，背面中央绿色。瘦果窄椭圆形，不扭转或微扭转，4条肋各具2翅；翅近膜质，较软，淡黄色或黄褐色，有细脉纹，边缘近全缘、微缺或有锯齿。花期4—5月，果期5—6月。

萌蘗性强，耐风蚀和沙埋。生长于固定沙丘、半固定沙丘及沙地。在我国分布于新疆准噶尔盆地沙漠，哈萨克斯坦也有分布。

防风固沙、蜜源、观赏、饲料植物。

属	沙拐枣属	Calligonum L.
科	蓼科	Polygonaceae

红果沙拐枣
Calligonum rubicundum Bge.

属 沙拐枣属 Calligonum L.	
科 蓼科 Polygonaceae	

灌木，高通常80~150 cm。木质化老枝暗红色、红褐色或灰褐色；幼枝灰绿色。叶条形。花被片粉红色或红色，果期反折。果实（包括翅）卵圆形、宽卵形或近圆形；幼果淡绿色、淡黄色或鲜红色，熟果淡黄色、黄褐色或暗红色；瘦果扭转，肋较宽；翅近革质，较厚，质硬，有脉纹，边缘有单齿、重齿或全缘。花期5—6月，果期6—7月。

生长于流动沙丘、半固定沙丘、沙地及丘间低地。在我国分布于新疆阿勒泰地区，俄罗斯、哈萨克斯坦、蒙古国也有分布。

为沙生植物群落中的建群种或优势种。

沙拐枣
Calligonum mongolicum Turca

半灌木，株高差异很大，25~150 cm。老枝灰白色或淡黄灰色。花白色或淡红色，花被片卵圆形，果期水平伸展，花梗长1~2 mm，关节在下部。果实（包括刺）宽椭圆形，果刺2~3行，果肋凸起或凸起不明显，沟槽稍宽或窄；刺等长或稍长于瘦果之宽，细弱，毛发状，易折断，或密或疏。花期5—7月，果期6—8月。

生长于荒漠和荒漠地带的沙地、半固定沙丘、覆沙戈壁沙砾质坡地和干河床。在我国分布于新疆、内蒙古、宁夏、甘肃、青海，蒙古国也有分布。

为沙质荒漠的重要建群种，亚洲中部荒漠特有种；本种营养价值较高，是一种优良的饲用植物；还可以防风固沙，保持水土。

| 属 | 沙拐枣属 | Calligonum L. |
| 科 | 蓼科 | Polygonaceae |

艾比湖沙拐枣

Calligonum ebinuricum N. A. Ivanova ex Soskov

(属)	沙拐枣属 Calligonum L.
(科)	蓼科 Polygonaceae

灌木，高0.8~1.5 m，分枝较少，侧枝伸展呈塔形；叶线形；花1~3朵生叶腋，花被片椭圆形，淡红色，果期反折，花梗下部有关节；瘦果卵圆形或长圆形，顶端长喙上的刺较粗具长喙，扭转成束状，肋不明显，肋上生刺2行，刺毛状。花期4—5月，果期5—7月。

沙生旱生植物。生于流动沙地，海拔约500 m。在我国分布于新疆天山北麓，特有种。

艾比湖沙拐枣是中国新疆重要的防风固沙植物，同时其花期泌蜜量大，泌蜜时间集中，是新疆主要的蜜源植物，该种全草入药，具有清热解毒、利尿的功效。

雾冰藜

Bassia dasyphylla (Fisch. et Mey.) O. Kuntze

茎直立，基部分枝，形成球形植物体，高达 50 cm，密被伸展长柔毛；叶圆柱状，稍肉质，长 0.5~1.5 cm，径 1~1.5 mm，有毛；花 1（2）朵腋生，花下具念珠状毛束；花被果期顶基扁，花被片附属物砧状，长约 2 mm，先端直伸，呈五角星状；雄蕊 5，花丝丝形，外伸；子房卵形，柱头 2，丝形，花柱很短；胞果卵圆形，褐色；种子近圆形，径约 1.5 mm，光滑，外胚乳粉质。花果期 7—9 月。

生长于戈壁、盐碱地、沙丘、草地、河滩、阶地及洪积扇上。

在我国分布于新疆、内蒙古、甘肃、青海、西藏、黑龙江、吉林、辽宁、山东、河北、山西、陕西，俄罗斯和蒙古国也有分布。

| 属 | 雾冰藜属 | Bassia All. |
| 科 | 藜科 | Chenopodiaceae |

角果藜

Ceratocarpus arenarius L.

属	角果藜属 Ceratocarpus L.
科	藜科 Chenopodiaceae

　　一年生草本，高5~30 cm，全体密被星状毛。茎由基部分枝，分枝多呈二歧式。叶互生，无柄，条状披针形，叶长0.5~3（6）cm，宽0.1~0.2（0.5）cm；花通常2~3朵着生于总梗上。雄花长约1.5 mm，黄色，膜质，花丝短，条形，花药近球形，底着，纵裂；胞果革质，长0.5~1 cm，宽0.2~0.5 cm，楔形，扁平，密被星状毛，两角具针刺状附属物，两面密生星状毛。种子与胞果同形。花果期4—8月。

　　生长于荒漠平原和山前地带的沙地、沙壤土和盐土、干河床、多碎石的山地。在我国分布于新疆天山北部，蒙古国和中亚及欧洲东南部也有分布。

　　饲用。

沙蓬
Agriophyllum squarrosum (L.) Moq.

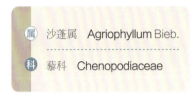

属	沙蓬属 Agriophyllum Bieb.
科	藜科 Chenopodiaceae

　　植株高达50 cm，茎基部分枝，幼时密生树枝状毛；叶无柄，椭圆形或线状披针形，长3~7 cm，宽0.5~1 cm，先端渐尖，具针刺状小尖头，基部渐窄，具3~9条弧形纵脉；穗状花序遍生叶腋，圆卵形或椭圆形，长0.4~1 cm；苞片宽卵形，先端渐尖，具小尖头，下面密被毛；花被片1~3，膜质；雄蕊2~3；胞果卵圆形或椭圆形，果皮膜质，有毛，上部边缘具窄翅，果喙长1~1.2 mm，2深裂，裂齿稍外弯，外侧各具一小齿突；种子径约1.5 mm，黄褐色，无毛；花果期8—10月。

　　生长于沙丘或流动沙丘之背风坡，为我国北部沙漠地区常见的沙生植物。在我国分布于新疆、内蒙古、陕西、甘肃、宁夏、青海、西藏、河北、河南、山西，蒙古国和俄罗斯也有分布。

　　沙蓬不仅是一种重要的饲用植物，也是固沙先锋植物，在治沙上有一定意义。沙区农牧民常采收其种子加工成粉，人畜均可食。种子可做药用。

对节刺
Horaninovia ulicina Fischer & C. A. Meyer

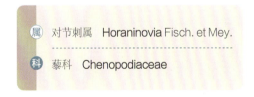

属	对节刺属 Horaninovia Fisch. et Mey.
科	藜科 Chenopodiaceae

　　植株高达40 cm，密被乳头状短硬毛；多分枝；分枝对生；叶对生，针刺状，长0.6~1 cm，先端锐尖，基部稍宽，无柄；花两性，常多数团集于腋生短枝，组成球形穗状花序，每花具1苞片和2小苞片，苞片和小苞片与叶同形，硬直，基部卵形或近圆形；花被片线状长圆形，翅状附属物干膜质，边缘啮蚀状；雄蕊5，花药卵形或长圆形，先端钝或尖，无附属物，花丝不伸出；胞果半球形，顶面平；种皮膜质，与果皮紧贴，径约1 mm。花果期7—10月。

　　生长于荒漠的沙地、沙丘及盐渍化的丘间地。在我国分布于新疆准噶尔盆地，哈萨克斯坦也有分布。

白梭梭
Haloxylon persicum Bge.

（属）梭梭属　Haloxylon Bge.

（科）藜科　Chenopodiaceae

灌木或小乔木；高达 7 m；树皮灰白色；老枝灰褐色至淡黄褐色，常具环状裂隙，当年生枝弯垂，节间长 0.5~1.5 cm，径约 1.5 mm；叶鳞状，三角形，先端具芒尖并伏贴于枝；花着生于二年生枝条的侧生短枝上；小苞片舟状，卵形，与花被等长，具膜质边缘；花被片倒卵形，果期背面先端之下 1/4 处具翅状附属物，翅状附属物扇形或近圆形，宽 4~7 mm，淡黄色，脉不明显，基部宽楔形或圆形，边缘微波状或近全缘；花盘不明显；胞果淡黄褐色；种子径约 2.5 mm；胚盘陀螺状。

生长于荒漠的流动或半固定沙丘。在我国分布于新疆准噶尔盆地，中亚、伊朗、阿富汗也有分布。

白梭梭是中国西北地区的优良固沙造林树种，木材坚而脆，发热力强，除作牲口圈棚和固定井壁用材外，是沙区人民群众生活的薪炭来源。当年枝是骆驼、驴、羊的良好饲料。

小药猪毛菜
Salsola micranthera Botsch.

（属）猪毛菜属　Salsola L.

（科）藜科　Chenopodiaceae

一年生草本；30~60 cm；茎直立，极多分枝，枝斜伸，白色；叶半圆柱形，灰绿色，长 1~1.5 cm，径 1.5~2 mm，先端钝，基部稍宽，不下延，有长柔毛，叶片常早落；花生于茎和枝的上部，组成穗状大型圆锥花序；苞片宽卵形，具膜质边缘，小苞片近圆形，短于花被；花被片 5，长圆形，草质，边缘膜质，有稀疏缘毛，果期自背面中上部生翅，外轮 3 片的翅状附属物较大，肾形，具密集的细脉，内轮 2 片的翅倒卵形，花被果期径 5~7 mm，花被片在翅以上部分向中央聚集，紧包果实；花药窄长圆形，长约 0.5 mm；柱头 2，丝状，花柱与柱头近等长；种子横生。花期 7—9 月，果期 9—10 月。

生长于砾质荒漠、沙地。在我国分布于新疆，俄罗斯及中亚也有分布。

柴达木猪毛菜
Salsola zaidamica Iljin

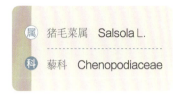

属　猪毛菜属　Salsola L.

科　藜科　Chenopodiaceae

　　一年生草本；高8~15 cm，自基部分枝；茎、枝、叶均密生乳头状小突起；叶多而密集，叶片狭披针形，近扁平，顶端有刺状尖，通常反折；花单生，几遍布于全植株；苞片长于小苞片，顶端有刺状尖；小苞片卵形；花被片紫红色，长卵形，近膜质，无毛，果期呈革质，花被片在突起以上部分，向中央折曲，紧贴果实，形成截形的面，顶端为薄膜质，通常膜质部分脱落，在截形面的中央形成1个小圆孔，整个花被的外形为杯状；花药矩圆形，长约0.5 mm；柱头丝状；花柱极短；种子横生。花期7—8月，果期8—9月。

　　生长于含盐质的荒漠地区。在我国分布于青海、新疆、甘肃，蒙古国也有分布。

刺沙蓬
Salsola tragus Linnaeus

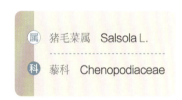

属　猪毛菜属　Salsola L.

科　藜科　Chenopodiaceae

　　一年生草本；高达30~100 cm；茎直立，基部多分枝，常被短硬毛及色条；叶半圆柱形或圆柱形，长1.5~4 cm，径1~1.5 mm，先端具短刺尖，基部宽，具膜质边缘；花着生于枝条上部组成穗状花序；苞片窄卵形，先端锐尖，基部边缘膜质；小苞片卵形；花被片窄卵形，膜质，无毛，1脉，果期变硬，外轮花被片的翅状附属物肾形或倒卵形；内轮花被片的翅状附属物窄，附属物径0.7~1 cm，花被片翅以上部分近革质，向中央聚集，先端膜质；柱头丝状，长为花柱3~4倍；种子横生，径约2 mm。花期8—9月，果期9—10月。

　　生长于固定、半固定沙丘，砾质沙地及山谷。在我国分布于西北、东北、华北，欧亚大陆温带草原和荒漠区也有分布。

　　全株可入药。

叉繁缕
Stellaria dichotoma L.

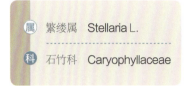

| 属 | 繁缕属 | Stellaria L. |
| 科 | 石竹科 | Caryophyllaceae |

多年生草本；高达30（60）cm；主根粗壮，圆柱形，支根须状；茎丛生，多次二歧分枝，被腺毛或柔毛；叶卵形或卵状披针形，长0.5~2 cm，先端尖或渐尖，基部圆形或近心形，微抱茎，全缘，两面被腺毛或柔毛；花顶生或腋生；花梗长1~2 cm，被柔毛；萼片5，披针形，长4~5 mm，被腺毛；花瓣5，倒披针形，与萼片近等长，顶端2裂至1/3或中部；雄蕊10，长为花瓣的1/3~1/2；蒴果宽卵圆形，短于宿萼，6齿裂；种子1~5，卵形，微扁，褐黑色，脊具少数疣状突起。花果期6—9月。

生长于多石的干旱山坡、石隙、固定沙丘、沙地。在我国分布于新疆、内蒙古、宁夏、甘肃，俄罗斯、蒙古国也有分布。

圆锥石头花
Gypsophila paniculata L.

多年生草本；高达80 cm；茎单生，稀丛生，直立，多分枝，铺散，无毛或上部被腺毛；叶披针形或线状披针形，长2~5 cm，宽2.5~7 mm，无毛；聚伞圆锥花序多分枝；花梗纤细，长2~6 mm，无毛；苞片三角形；花萼宽钟形，长1.5~2 mm，具紫色宽脉，萼齿卵形；花瓣白色或淡红色，匙形，长约3 mm，先端平截或钝圆；花丝与花瓣近等长；花柱细长；蒴果球形，稍长于宿萼，4瓣裂；种子球形，径约1 mm，具钝疣。花期6—8月，果期8—9月。

生长于河滩、草地、固定沙丘、石质山坡。在我国分布于新疆，哈萨克斯坦、蒙古国及欧洲和北美洲也有分布。

花形、花色美丽，被广泛应用于鲜切花，是常用的插花材料，观赏价值高。其根、茎可供药用。

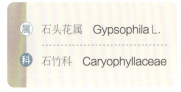

| 属 | 石头花属 | Gypsophila L. |
| 科 | 石竹科 | Caryophyllaceae |

锈斑角茴香
Hypecoum ferrugineum-maculae Z. X. An

| 属 | 角茴香属 Hypecoum L. |
| 科 | 罂粟科 Papaveraceae |

　　一年生草本；高达60 cm；茎丛生，多分枝；基生叶窄倒披针形，长5~20 cm，叶柄长1.5~10 cm，二回羽状全裂，裂片4~9对，宽卵形或卵形，长0.4~2.3 cm，近无柄，羽状深裂，小裂片披针形、卵形、窄椭圆形或倒卵形，长0.3~2 mm；茎生叶具短柄或近无柄；萼片卵形或卵状披针形，长2~3（4）mm，边缘膜质；花瓣淡紫色，外面2枚宽倒卵形，长0.5~1 cm，内面2枚3裂近基部，中裂片匙状圆形，侧裂片较长，长卵形或宽披针形；雄蕊长4~7 mm，花丝丝状，扁平，基部宽，花药卵圆形；子房长5~8 mm，无毛，柱头2裂，裂片外弯；蒴果直立，圆柱形，长3~4 cm，两侧扁，在关节处分离，每节具1种子；种子扁平，宽倒卵形或卵形，被小疣。花果期6—9月。

　　生长于山坡、草地、山谷、河滩、砾石坡、沙质地。

　　在我国分布于新疆、内蒙古、甘肃、青海、陕西、山西、四川、云南、西藏，蒙古国也有分布。

　　全草入药。

沙芥

Pugionium cornutum (Linnaeus) Gaertn.

| 属 | 沙芥属 Pugionium Gaertn. |
| 科 | 十字花科 Brassicaceae |

　　一年生或二年生草本；高达2 m；根肉质，圆柱状；茎直立，分枝多；基生叶有柄，羽状全裂，长10~30 cm，裂片3~6对，裂片披针形或椭圆形，稀披针状线形，长7~8 cm，全缘或有1~3齿，或先端2~3裂；莲生叶无柄，羽状全裂，裂片线状披针形或线形，全缘；总状花序圆锥状；萼片长圆形，长6~7 mm；花瓣黄色，宽匙形，长约1.5 cm；短角果革质，横卵形，长约1.5 cm，侧扁，两侧各有一剑形翅，翅斜生，长2~5 cm，宽3~5 mm，有纵脉3；果瓣有4个以上角状刺；种子长圆形，长约1 cm，黄棕色。花期6—7月，果期8—9月。

　　生长于沙漠地带沙丘。在我国分布于内蒙古、陕西、宁夏。

　　嫩叶做蔬菜或饲料；全草供药用。

斧翅沙芥

Pugionium dolabratum Maximowicz

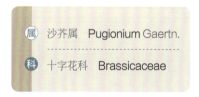

| 属 | 沙芥属 Pugionium Gaertn. |
| 科 | 十字花科 Brassicaceae |

　　高40~60 cm；茎多分枝，有棱角；茎直立，多数缠结成球形，径达1 m；基生叶稍肉质，二回羽状全裂，长达25 cm，末回裂片丝状或线形，长达5.5 cm，先端尖；茎中部和上部叶与基生叶相似；花梗直伸，长0.8~2 cm；萼片长5~8 mm，外轮萼片基部的囊袋长0.6~1.2 mm；花瓣粉红色，线形或线状披针形，长1.2~2 cm，基部爪长5~8 mm；长雄蕊花丝长5~8 mm，短雄蕊花丝长3~5 mm，花药椭圆形；短角果横椭圆形，连翅宽1~2 cm，果翅平展，披针形、卵形、椭圆形或倒卵形，长0.7~2.5 cm，两侧全缘，先端斜截平，尖锐或钝，无齿或有齿，有纵脉5~10，棘刺无或有时多达16，宿存花柱不明显；种子褐色，椭圆形，长5~8 mm；花果期7—9月。

　　生长于流动沙丘。在我国分布于甘肃、宁夏，蒙古国也有分布。

宽翅菘蓝

Isatis violascens Bge.

属	菘蓝属　Isatis L.
科	十字花科　Brassicaceae

　　一年生草本；高达60 cm；茎直立，上部分枝，被白粉；基生叶倒披针形或长圆状匙形，长3.5~6 cm，先端圆钝，全缘或锯齿不明显，无毛，花期枯萎；茎生叶长倒卵形、卵形或窄披针形，长1.5~6 cm，全缘，基部成叶耳，抱茎，叶柄长3~5 mm；花梗纤细；萼片长圆形，长1.3~1.8 mm；花瓣白色，长倒卵形，长2.2~2.8 mm；花丝长1~2 mm；花药卵圆形；短角果圆状提琴形，长1~1.3 cm，宽4~6 mm，扁平，顶端微凹，有时平截，基部圆，密被短单毛；果瓣边缘厚，有膜质宽翅，中脉细；果柄长0.5~1.2 cm；种子椭圆形，长约4 mm，黄棕色。花果期4—6月。

　　生长于沙质荒漠。在我国分布于新疆准噶尔盆地，中亚也有分布。

棱果芥

Syrenia siliculosa (M. Bieb.) Anders.

属	棱果芥属	Syrenia Andrz.ex DC.
科	十字花科	Brassicaceae

　　二年生草本，高30~39 cm；茎直立，多分枝，具贴生"丁"字毛。基生叶窄线形，全缘，长5~15 mm，宽3~6 mm；茎生叶丝状，无柄。总状花序顶生；萼片长圆状线形；花瓣鲜黄色，长圆形；花柱伸出花外。长角果长圆形，具细灰白色"丁"字毛，果瓣有龙骨状突起；果梗有棱角。种子椭圆形，红棕色，稍有棱角。花果期6—7月。

　　生长在荒漠地带的沙丘、梭梭林中。中国分布于新疆；俄罗斯欧洲部分、高加索、中亚、西伯利亚也有分布。

银砂槐

Ammodendron bifolium (Pall.) Yakovl.

属	银砂槐属	Ammodendron Fisch.
科	豆科	Fabaceae

　　灌木，高30~150 cm。枝和叶被银白色短柔毛。复叶，仅有2枚小叶，顶生小叶退化成锐刺；托叶变成刺，宿存；小叶对生，倒卵状长圆形或倒卵状披针形，两面被灰色或银白色短绢毛。总状花序顶生。荚果扁平，长圆状披针形，无毛或在近果梗处疏被柔毛，沿缝线具2条狭翅，不开裂。花期5—6月，果期6—8月。

　　生长于沙丘、沙地。在我国分布于新疆伊宁，中亚也有分布。

　　优良固沙植物。

- 《国家重点保护野生植物名录》：II 级
- 《新疆维吾尔自治区重点保护野生植物名录》：I 级

沙冬青

Ammopiptanthus mongolicus (Maxim.) Cheng f.

常绿灌木，高 1.5~2 m。树皮黄绿色，木材褐色；茎多杈状分枝，圆柱形，具沟棱，幼被灰白色短茸毛；通常 3 小叶，偶为单叶，小叶菱状椭圆形或阔披针形，先端急尖或钝、微凹缺，脉纹不清晰，两面密被银白色茸毛，全缘；总状花序顶生枝端，花互生；花冠黄色，花瓣均具长瓣柄，旗瓣倒卵形，翼瓣比龙骨瓣短，长圆形。荚果扁平，线形，无毛，先端锐尖，基部具果。种子圆肾形。果期 5—6 月。

生长于砾石山坡、固定沙地。在我国分布于内蒙古、宁夏、甘肃，蒙古国也有分布。

为良好的固沙植物。

属	沙冬青属	*Ammopiptanthus* Fisch. ex DC.
科	豆科	Fabaceae

• 《国家重点保护野生植物名录》：Ⅱ级

披针叶野决明
Thermopsis lanceolata R. Br.

属　野决明属　Thermopsis

科　豆科　Fabaceae

多年生草本，茎直立或斜生，基部多分枝；托叶2，基部连合，披针形或卵状披针形，长1~4 cm，叶柄稍短于托叶；小叶倒披针形或长圆状倒披针形，长2.5~8 cm，先端钝或锐尖，基部楔形；总状花序顶生，长0.6~1.7 cm；花轮生，3花1轮；有花2~6轮；苞片长卵形，长1~1.8 cm，基部连合；花萼筒状，长约2 cm，萼齿披针形，上方2齿大部分合生；花冠黄色，旗瓣瓣片近圆形，长2~2.7 cm，翼瓣稍短于旗瓣，龙骨瓣短于翼瓣，瓣片半圆形；子房具柄；荚果扁带形，长3~8（10）cm，直或微弯曲。

生长于草原沙丘、河岸和砾滩。在我国分布于新疆、内蒙古、河北、山西、陕西、宁夏、甘肃，蒙古国、哈萨克斯坦、乌兹别克斯坦、土库曼斯坦、吉尔吉斯斯坦和塔吉克斯坦也有分布。

植株有毒，少量供药用。

准噶尔无叶豆

Eremosparton songoricum (Litw.) Vass.

灌木，高50~80 cm。茎基部多分枝，向上直伸。叶退化，鳞片状，披针形。花单生叶腋，在枝上形成长总状花序；花梗萼齿三角状，被伏贴短柔毛；花紫色，旗瓣宽肾形，先端凹入，具短瓣柄，翼瓣长圆形，龙骨瓣较翼瓣短。荚果稍膨胀，卵形或圆卵形，具尖喙，被伏贴短柔毛，果瓣膜质；种子肾形。花期5—6月，果期6—7月。

生长于流动或半固定的沙地，丘间低地。在我国分布于新疆准噶尔盆地，哈萨克斯坦也有分布。

由于准噶尔无叶豆具有横走根茎，具有克隆繁殖现象，耐沙埋，为优良先锋固沙植物。

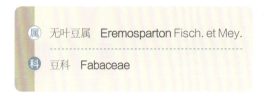

| 属 | 无叶豆属 | Eremosparton Fisch. et Mey. |
| 科 | 豆科 | Fabaceae |

柠条锦鸡儿

Caragana korshinskii Kom.

属　锦鸡儿属　Caragana Fabr.

科　豆科　Fabaceae

灌木，有时小乔木状，高1~4 m；老枝金黄色，有光泽；嫩枝被白色柔毛。羽状复叶有6~8对小叶；托叶在长枝者硬化成针刺，宿存；小叶披针形或狭长圆形，灰绿色，两面密被白色伏贴柔毛。花萼管钟形，密被伏贴短柔毛，萼齿三角形或披针状三角形；花冠黄色；子房披针形，无毛。荚果扁，披针形。花期5月，果期6月。

生长于半固定和固定沙地。在我国分布于内蒙古、宁夏、甘肃。

常为半固定和固定沙地的优势种。

胀果甘草
Glycyrrhiza inflata Batal.

属 甘草属 Glycyrrhiza L.

科 豆科 Fabaceae

多年生草本；根与根状茎粗壮，含甘草甜素；羽状复叶长4~20 cm，有小叶3~7（9），叶柄和叶轴均密被褐色鳞片状腺点；小叶卵形、椭圆形或长圆形，长2~6 cm，基部近圆形，先端锐尖或钝，边缘微波状，两面被黄褐色腺点，沿脉疏被短柔毛；总状花序腋生；花序梗密生鳞片状腺点；花萼钟状，长5~7 mm，密被橙黄色腺点和柔毛，萼齿5，上方2枚1/2以下连合；花冠紫色或淡紫色，长0.6~1 cm；荚果椭圆形或长圆形，长0.8~3 cm，直，膨胀，被褐色腺点和刺毛状腺体，疏被长柔毛；种子1~4，圆形。花期5—7月，果期6—10月。

生长于河岸阶地、盐渍化沙地。在我国分布于新疆、内蒙古和甘肃，哈萨克斯坦、乌兹别克斯坦、土库曼斯坦、吉尔吉斯斯坦和塔吉克斯坦也有分布。

根和根状茎供药用。

弯花黄芪
Astragalus flexus Fisch.

属	黄芪属 Astragalus L.
科	豆科 Fabaceae

多年生草本；茎短缩，高20~30 cm；奇数羽状复叶，具15~25片小叶；叶柄长4~7 cm；托叶白色，膜质，卵形或长圆状卵形；小叶近圆形或倒卵形，上面无毛，下面被白色柔毛，边缘被长缘毛，具短柄；总状花序生10~15花，稍稀疏；总花梗通常较叶短，散生白色长柔毛；苞片披针形至线状披针形，白色，膜质；花梗长2~3 mm；花萼管状，长14~18 mm；花冠黄色，旗瓣倒匙形弯曲，长30~35 mm，先端微凹，下部1/3处稍膨大，翼瓣较龙骨瓣短，瓣片线状长圆形，瓣柄较瓣片长1.5~2倍，龙骨瓣长24~27 mm，瓣片半卵形，瓣柄长为瓣片的1.5~2倍；荚果卵状长圆形，长20~25 mm，先端尖，无毛或疏生长柔毛，果颈长6~8 mm，近假2室；种子肾形，长3~4 mm。花果期5—6月。

生长于固定沙地上。在我国分布于新疆，巴基斯坦、伊朗和俄罗斯也有分布。

拟狐尾黄芪
Astragalus vulpinus Willd.

| 属 | 黄芪属 Astragalus L. |
| 科 | 豆科 Fabaceae |

多年生草本；根圆锥形，茎直立，单生，高25~70 cm；茎、叶、苞片、萼、果等器官均疏被开展的白色柔毛；羽状复叶有25~31片小叶，长10~25 cm，叶柄长2~3 cm，；托叶卵状披针形或披针形，基部与叶柄合生；小叶近对生，宽卵形至狭卵形，长10~25 mm，宽5~15 mm，小叶柄长1.5~2 mm；总状花序呈头状或卵状，长4~6 cm，密生多花；花序梗较叶短，长4~6 cm；花萼钟状，微膨胀，萼齿线形，与萼筒近等长；花冠宿存，黄色，旗瓣长2.5~3 cm，长圆形，翼瓣长2.6~2.8 cm，龙骨瓣长2.4~2.8 cm；子房无柄，被淡褐色长柔毛；荚果卵形，长约12 mm，假2室，无果颈。花期5—6月，果期6—7月。

生长于沙丘湿地、戈壁或石块与土壤混合的阳坡上，海拔600~1200 m。在我国分布于新疆，俄罗斯也有分布。

斜茎黄芪
Astragalus adsurgens Pall.

（属）黄芪属 Astragalus L.

（科）豆科 Fabaceae

多年生草本；高20~100 cm；茎丛生，直立或斜上；羽状复叶有9~25片小叶，叶柄较叶轴短；小叶长圆形、近椭圆形或狭长圆形，长10~25（35）mm，宽2~8 mm，上面疏被伏贴毛，下面较密；总状花序长圆柱状，稀近头状，有多数花；花萼钟状，长5~6 mm，被黑色或白色毛，萼齿长为筒部的1/3；花冠近蓝色或红紫色，旗瓣长1.1~1.5 cm，倒卵状长圆形，翼瓣稍短于旗瓣，瓣片稍长于瓣柄，龙骨瓣长0.7~1 cm；子房密被毛，有短柄；荚果长圆形，长0.7~1.8 cm，顶端具下弯短喙，被黑色或褐色或混生的白色毛，假2室。花期6—8月，果期8—10月。

生长于沙地边缘或向阳山坡灌丛及林缘地带。在我国分布于东北、华北、西北、西南，俄罗斯、蒙古国、日本、朝鲜及北美洲温带地区也有分布。

骆驼刺
Alhagi camelorum Fisch.

半灌木。高25~40 cm。茎直立，具细条纹，无毛或幼茎具短柔毛。叶互生，卵形、倒卵形或倒卵圆形，全缘，无毛，具短柄。总状花序，腋生，花序轴变成坚硬的锐刺。花冠深紫红色，旗瓣倒长卵形；子房线形，无毛。荚果线形，常弯曲，几无毛。花期6—7月，果期8—9月。

生长于荒漠地区的沙地、轻度盐渍化低湿地、荒地。在我国分布于新疆、内蒙古、甘肃、青海，哈萨克斯坦、乌兹别克斯坦、土库曼斯坦、吉尔吉斯斯坦也有分布。

骆驼刺营养价值较高，适口性好，是非常高的饲用植物。种子含油量高，是重要的药食资源。骆驼刺在恶劣的生态环境中被作为防风固沙的植物种之一，对于抑制草场退化、减轻干旱荒漠农区绿洲的盐渍化及沙化、保护及扩大绿洲等起着重要作用。

| 属 | 骆驼刺属 | Alhagi Gagneb |
| 科 | 豆科 | Fabaceae |

甘肃旱雀儿豆

Chesniella ferganensis (Korshinsky) Borissova

属	旱雀豆属 Chesniella
科	豆科 Fabaceae

多年生草本。全株密被开展的短柔毛，茎平卧，长10~20 cm。羽状复叶长1~3 cm；托叶与叶柄分离，卵形，长约2 mm，先端具暗褐色的腺体；小叶7~11片，先端圆形、截形或微凹，具小尖头，基部圆形，两面密被白色、开展的短柔毛。花单生于叶腋；花梗长8~10 mm；小苞片与苞片近同形；花萼钟状，长约7 mm，萼齿线形，较萼筒长，先端具暗褐色腺体，上边的2齿大部分连合；花冠粉红色，旗瓣长9~10 mm，瓣片圆形，背面密被短柔毛，先端凹，翼瓣瓣柄与耳几相等，均长约1 mm，龙骨瓣较翼瓣稍短，具短瓣柄，无耳；荚果小，狭长圆形，长1.8~2 cm，宽约5 mm，微膨胀，密被开展的长柔毛。花期7月，果期8月。

生长于海拔1800 m的干旱山坡。在我国分布于内蒙古、甘肃。

细枝岩黄芪

Hedysarum scoparium Fisch. et Mey.

灌木，高0.8~2 m。茎和下部枝紫红色或黄褐色，皮剥落；小叶3~5对，矩圆状椭圆形或条形，长1.5~3 cm，宽4~6 mm，被伏生毛，上部枝小叶较少，无或仅一枚小叶；苞片小，三角状，密被柔毛；总状花序稀疏；花梗长2~3 mm；萼筒钟形，齿长为筒的1/2~2/3，被针状砧形；花冠紫色，旗瓣宽倒卵形，旗瓣倒卵形或倒卵圆形，长1.4~1.9 cm，先端钝圆，微凹，翼瓣线形，长为旗瓣的2/3，龙骨瓣前下角呈弓形弯曲，通常稍短于旗瓣；荚果2~4节，荚节凸胀，近球形，具明显细网纹，密被白色砧状柔毛；种子耳形，长2.5~3 mm，淡褐色。花期6—9月，果期8—10月。

生长于半荒漠的沙丘或沙地，荒漠前山冲沟中的沙地。

在我国分布于新疆、内蒙古、青海、甘肃、宁夏，哈萨克斯坦和蒙古国也有分布。

该种是优良固沙植物，花为优良的蜜源；种子为优良的精饲料和油料。

| 属 | 岩黄芪属 | Hedysarum L. |
| 科 | 豆科 | Fabaceae |

贺兰山岩黄芪

Hedysarum petrovii Yakovl.

属　岩黄芪属　Hedysarum L.

科　豆科　Fabaceae

多年生草本；高8~15 cm，植株呈灰绿色；根粗壮，木质化；根茎向上多分枝；茎短缩，长1~2 cm，被伏贴和开展的柔毛；叶长4~8 cm，具约等长于叶轴的长柄；托叶三角状披针形，长3~5 mm，合生至上部，被伏贴柔毛；叶丛生小叶7~11，长卵形或椭圆形，长4~7（9）mm，上面几无毛或具星散柔毛，下面密被伏贴柔毛；总状花序腋生，上部的明显长于叶，具12~16朵花，紧密排成长2~3 cm的卵球状或长球状，花后期延；花序梗被伏贴柔毛；花长1.3~1.5 cm；萼钟状，被绢状毛，萼齿披针状砧形，长为萼筒的2~3倍；花冠玫瑰紫色，旗瓣倒卵形，长1.2~1.4 cm，翼瓣长为旗瓣的1/4~1/3，瓣柄明显长于耳，龙骨瓣稍长于或等于旗瓣；子房被短柔毛；荚果2~3节，节荚卵圆形，径约3 mm，两侧凸起，具刺和密柔毛。花期6—8月，果期8—9月。

生长于沙砾质山坡和干河滩、黄土坡。在我国分布于内蒙古、甘肃、宁夏和陕西。

尖喙牻牛儿苗

Erodium oxyrhinchum M. Bieberstein

属　牻牛儿苗属　Erodium L'Hér. ex Aiton

科　牻牛儿苗科　Geraniaceae

一年生草本；高7~15 cm，全株被灰白色柔毛；茎仰卧或基部仰卧，下部多分枝；叶对生，长卵形，长1.5~2.5 cm，常3深裂，中裂片长卵形，具浅裂状圆齿，侧裂片具不规则圆齿，上面密被茸毛；茎上部叶较小，裂片有时全缘；花序梗腋生或顶生，长2~3 cm，密被茸毛，每梗具1~3朵花；萼片椭圆形或椭圆状卵形，长5~6 mm，先端圆，具短尖头，背面密被柔毛；花瓣紫红色，倒卵形，与萼片近等长；蒴果椭圆形，长5~6 mm，被长柔毛；喙长7~9 mm，易脱落，开裂后呈羽毛状。花期4—5月，果期5—6月。

生长于砾石戈壁、半固定沙丘和山前地带的冲沟。在我国分布于新疆，中亚和西亚地区也有分布。

骆驼蒿
Peganum nigellastrum Bge.

| 属 | 骆驼蓬属 | Peganum L. |
| 科 | 蒺藜科 | Zygophyllaceae |

多年生草本；高10~25 cm，密被短硬毛；茎直立或开展，基部多分枝；叶2~3回深裂，裂片条形，长0.7~10 mm，宽不到1 mm，先端渐尖；花单生于茎端或叶腋，花梗被硬毛；萼片5，披针形，长达1.5 cm，5~7条状深裂，裂片长约1 cm，宽约1 mm，宿存；花瓣淡黄色，倒披针形，长1.2~1.5 cm；雄蕊15，花丝基部扩展；子房3室；蒴果近球形，黄褐色；种子多数，纺锤形，黑褐色，表面有瘤状突起。花期5—7月，果期7—9月。

生长于沙质或砾质地、山前平原、丘间低地、固定或半固定沙地。在我国分布于内蒙古、陕西、甘肃、宁夏，蒙古国也有分布。

中国民间入药，有清热、消炎、祛湿、杀虫的作用。

骆驼蒿可以绿化岩石裸露的石质山地，保持水土。鲜草不是家畜喜欢的食物，但秋霜打过之后，枝枯叶黄时却是喂羊的好饲料。

簇花芹
Soranthus meyeri Ledeb.

| 属 | 簇花芹属 | Soranthus Ledeb. |
| 科 | 伞形科 | Apiaceae |

多年生草本；高达1 m；直根圆柱形；茎下部枝互生或对生，上部枝轮生；叶有短柄；叶鞘披针形至卵形，基部抱茎；叶宽卵形，三出三回羽状全裂，小裂片线形，长1.5~5 cm，宽1.5~3 mm，全缘，稀3裂；复伞形花序径5~15 cm；伞辐5~20（36），无总苞片；花杂性，花序中间为雄花，边缘为雌花，二者之间为两性花；伞形花序多花，密集呈头状，小总苞片数片，有柔毛；果椭圆形，长达1.6 cm，径达8 mm，背腹扁，背棱线形，钝状，侧棱宽翅状；每棱槽油管1，合生面油管4；心皮柄2裂；种子胚乳腹面平直。花期5—6月，果期6—7月。

生长于沙丘和沙地。在我国分布于新疆准噶尔盆地，俄罗斯、哈萨克斯坦等地也有分布。

地梢瓜

Cynanchum thesioides (Freyn)K. Schum.

属	鹅绒藤属　Cynanchum L.
科	夹竹桃科　Apocynaceae

草质或亚灌木状藤本；小枝被毛；叶对生或近对生，稀轮生，线形或线状披针形，长3~10 cm，宽0.2~1.5（2.3）cm，侧脉不明显；近无柄；聚伞花序伞状或短总状，有时顶生，小聚伞花序具2朵花；花梗长0.2~1 cm；花萼裂片披针形，长1~2.5 mm，被微柔毛及缘毛；花冠绿色或白色，常无毛，花冠筒长1~1.5 mm，裂片长2~3 mm；副花冠杯状，较花药短，顶端5裂，裂片三角状披针形，长及花药中部或高出药隔膜片，基部内弯；花药顶端膜片直立，卵状三角形，花粉块长圆形；柱头扁平；蓇葖果卵球状纺锤形，长5~6（7.5）cm，径1~2 cm；种子卵圆形，长5~9 mm，种毛长约2 cm。花果期4—9月。

生长于海拔200~2000 m的山坡、沙丘或干旱山谷、荒地、田边。在我国分布于新疆、内蒙古、黑龙江、吉林、辽宁、河北、河南、山东、山西、陕西、甘肃和江苏，朝鲜、蒙古国、俄罗斯及中亚也有分布。

全株含橡胶1.5%，树脂3.6%，可做工业原料；幼果可食；种毛可做填充料。

牛心朴子

Cynanchum hancockianum (Maxim.) Al. Iljinski

又名华北白前，多年生直立草本，高达50 cm；根须状；茎被有单列柔毛及幼嫩部分有微毛外，余皆无毛。叶对生，卵状披针形，顶端渐尖，基部宽楔形；侧脉约4对，在边缘网结，叶柄顶端腺体成群。伞形聚伞花序腋生，长约2 cm，着花不到10朵；花萼5深裂，内面基部有小腺体5个；花冠紫红色，裂片卵状长圆形；花粉块每室1个，下垂；副花冠肉质、裂片龙骨状，在花药基部贴生；柱头圆形，略为凸起。蓇葖双生，狭披针形，向端部长渐尖，基部紧窄，外果皮有细直纹，长约7 cm，直径5 mm；种子黄褐色，扁平，长圆形，种毛白色绢质，长2 cm。花期5—7月，果期6—8月。

生长于固定沙地、山坡、沟谷等处。

我国分布于四川、甘肃、陕西、河北、山西、内蒙古。

本种全草入药。

属	鹅绒藤属	Cynanchum L.
科	夹竹桃科	Apocynaceae

喀什牛皮消
Cynanchum kaschgaricum Y. X. Liou

属 鹅绒藤属 Cynanchum L.

科 夹竹桃科 Apocynaceae

　　多年生草本，直立，高40~50 cm。主根粗壮；茎直立，多分枝，黄绿色，有细棱。单叶对生，三角状卵形或宽心形，长6~20 mm，宽6~23 mm，先端锐尖，基部心形，两面无毛，黄绿色。伞房状聚伞花序生于中上部叶腋，总花梗粗壮，长约5 mm；花小，直径约4 mm；果期花序轴及总花梗粗壮，长1.2~2 cm，直立；花萼背部密被鳞毛或腺点，绿色，上部边缘有时暗紫色，萼5裂，裂片披针形，长约1 mm；花冠暗紫色，被鳞毛和腺点，5深裂；副花冠2轮，外轮顶部具齿裂或全缘，内轮先端卵形，副花冠长于合蕊冠。蓇葖果单一，生花序轴顶端，窄披针形。花期5—6月，果期7—9月。

　　新疆特有种。

脓疮草
Panzerina lanata var. **alaschanica** (Kuprian.) H. W. Li

属 脓疮草属 Panzerina Soják

科 唇形科 Lamiaceae

　　多年生草本，具粗大的木质主根。高30~35 cm，茎、枝密被白色短茸毛。叶掌状5裂，裂片长达基部，狭楔形，宽1.5~4 mm，叶片上面由于密被贴生短毛而呈灰白色，下面密被白茸毛绝不为柔毛，无腺点；轮伞花序多数密集排列成顶生长穗状花序；萼筒长约1.2~1.5 cm，萼齿较短，前2齿长约3 mm，后3齿长约2 mm，宽三角形，先端为短刺状尖头；冠淡黄色或白色，下唇有红条纹，长（30）33~40 mm，超出萼筒很多。花柱丝状，稍伸出雄蕊或与之等长，柱头2浅裂；小坚果卵球状三棱形，顶端圆。

　　生长于沙地。在我国分布于内蒙古、陕西、宁夏。

　　全草入药。

蓼子朴

Inula salsoloides (Turcz.) Ostenf.

亚灌木；茎基部有密集长分枝；叶披针状或长圆状线形，长0.5~1 cm，全缘，基部心形或有小耳，半抱茎，稍肉质，上面无毛，下面有腺点及短毛；头状花序径1~1.5 cm，单生枝端；总苞倒卵圆形，总苞片4~5层，线状卵圆形或长圆状披针形，干膜质，背面无毛；舌状花较总苞长半倍，舌片浅黄色，椭圆状线形，长约6 mm；管状花花冠上部窄漏斗状；冠毛白色，与管状花药等长，有约70根细毛；瘦果长1.5 mm，有多数细沟；花期5—8月，果期7—9月。

生长于500~2000 m的干旱草原、荒漠地区的戈壁滩地、流沙地、固定沙丘、湖河沿岸冲积地；广泛分布于中国北部；俄罗斯、中亚和蒙古国也有分布。

此种由于耐干旱、易繁殖的特性，为良好的固沙植物。

属	旋覆花属 Inula L.
科	菊科 Compositae

黑沙蒿

Artemisia ordosica Krasch.

属	蒿属	Artemisia L.
科	菊科	Compositae

小灌木，高 50~80 cm。根状茎粗壮，具多数营养枝。下部叶宽卵形或卵形，一至二回羽状全裂；中部叶卵形，一回羽状全裂；上部叶 3 或 5 全裂。头状花序多数，卵形；总苞片 3~4 层，外、中层总苞片卵形或长卵形，背面黄绿色，无毛，边缘膜质，内层总苞片长卵形，半膜质；雌花 10~12 朵，花冠狭圆锥形，檐部 2 齿裂；两性花 3~5 朵，不育，筒状。瘦果长圆形。花果期 8—11 月。

生长于流动、半流动沙丘上及干旱草原，海拔 500~1500 m。中国特有种，分布于新疆、内蒙古、宁夏、甘肃、青海。

本种耐沙压埋；果壁上含胶质物，遇水吸湿膨胀可胶住土壤并能促进种子发芽，为良好的固沙植物之一。枝、叶入药。牧区做牲畜饲料。果壁胶质物做食品工业的黏着剂。

圆头蒿
Artemisia sphaerocephala Krasch.

属	蒿属	Artemisia L.
科	菊科	Compositae

　　小灌木；茎成丛，高达1.5 m，枝条长；叶近肉质，初两面密被灰白色柔毛：短枝叶常呈簇生状；茎下部、中部叶宽卵形或卵形，长2~5（8）cm，一至二回羽状全裂，两侧中部裂片常3全裂，小裂片线形或镰形，先端有小硬尖头，基部半抱茎，常有线形假托叶；上部叶羽状分裂或3全裂；苞片叶不裂，稀3全裂；头状花序近球形，径3~4 mm，下垂，排成穗状总状花序或复总状花序，在茎上组成开展圆锥花序；总苞片淡黄色，光滑；雌花4~12朵；两性花6~12朵；瘦果黑色，果壁有胶质。花果期7—10月。

　　生长于荒漠地区的流动、半流动或固定的沙丘，也见于干旱的荒坡，局部地区常形成植物群落的建群种或优势种，海拔1000~2850 m。在我国分布于内蒙古、山西、陕西、宁夏、甘肃、青海及新疆，蒙古国也有分布。

　　该种枝供编筐或做固沙的沙障；饲用；果壁胶质物做食品的黏着剂。瘦果入药，用作消炎药或驱虫药。

砂蓝刺头
Echinops gmelinii Turcz.

属	蓝刺头属	Echinops L.
科	菊科	Compositae

　　一年生草本；高10~90 cm；根直伸，细圆锥形；茎单生，茎枝淡黄色，疏被腺毛；下部茎生叶线形或线状披针形，边缘具刺齿或三角形刺齿裂或刺状缘毛；中上部茎生叶与下部茎生叶同形；叶纸质，两面绿色，疏被蛛丝状毛及腺点；复头状花序单生茎顶或枝端，径2~3 cm，基毛白色，长1 cm，细毛状，边缘糙毛状；总苞片16~20，外层线状倒披针形，爪基部有蛛丝状长毛，中层倒披针形，长1.3 cm，背面上部被糙毛，背面下部被长蛛丝状毛，内层长椭圆形，中间芒刺裂较长，背部被长蛛丝状毛；小花蓝色或白色；瘦果倒圆锥形，密被淡黄棕色长直毛，遮盖冠毛。花果期6—9月。

　　生长于海拔580~4300 m的山坡砾石地、沙砾质荒漠、沙漠边缘。在我国分布于内蒙古、新疆、青海、甘肃、宁夏、陕西、山西、河北、河南及东北等地，俄罗斯及蒙古国也有分布。

刺头菊

Cousinia affinis Schrenk

（属）刺头菊属　Cousinia Cass.

（科）菊科　Compositae

　　多年生草本；茎灰白色，密被茸毛至无毛，茎基被褐色残存叶柄及密绵毛；基生叶椭圆形或倒披针形，向下渐窄成具翼叶柄，边缘具大锯齿或浅裂，大锯齿或浅裂片卵形、宽卵形或半圆形，先端有淡黄色针刺；下部茎生叶与基生叶同形，较小；中部叶椭圆形、披针形、卵形或长卵形，较小，上部及最上部叶小，卵形；叶上面疏被蛛丝毛，下面灰白色，被茸毛，边缘具刺齿、浅裂及针刺，中上部茎生叶无柄；头状花序单生茎枝顶端；总苞球形或卵圆形，不连同边缘针刺径1.5~2 cm，疏生蛛丝毛，总苞片9层，中外层砧状长卵形或砧状长椭圆形，先端成坚硬针刺，内层长椭圆形或宽线形，最内层线状倒披针形；托毛平滑，边缘无糙毛，无锯齿；小花白色；瘦果倒长卵圆形。花果期7—9月。

　　生长于半流动沙丘及固定沙地，海拔480~800 m。在我国分布于新疆，中亚及蒙古国也有分布。

河西菊

Hexinia polydichotoma (Ostenf.) H. L. Yang

（属）河西菊属　Hexinia H.L.Yang

（科）菊科　Compositae

　　多年生草本，高5~40 cm；茎具纵条纹，无毛，自下部起多级等二杈分枝，形成球状丛；下部茎生叶少数，条形，革质，无柄，先端钝，全缘或有波状齿，基部半抱茎，叶尖及齿端具白色胼胝质尖，中部茎生叶退化呈三角形鳞片状；头状花序极多，排列呈伞房状；总苞近圆柱状，覆瓦状排列，边缘膜质，下端具疏缘毛；花序托无毛，平滑；小花5~7朵，黄色，舌片长约6 mm，筒部光滑，长于舌片。瘦果近三棱状圆柱形，长约4 mm，淡黄色到黄棕色；冠毛白色，5~10列，粗糙。

　　生长于平坦的沙地、沙丘间低地、戈壁冲沟，单种属植物。在我国分布于新疆、甘肃。

　　河西菊叶退化，因枝条形态酷似鹿角，又名鹿角草，具有极高的观赏价值，可做干旱区城市地被植物和盆景植物。其广泛分布于新疆塔里木盆地的荒漠地区，是重要的防风固沙植物，在沙漠边缘地带具有重要的生态价值。

羽毛三芒草
Aristida pennata Trin.

| 属 | 三芒草属 | Aristida L. |
| 科 | 禾本科 | Gramineae |

多年生；高20~60 cm，基部具分枝；须根外包砂套；秆直立，无毛；叶鞘无毛或稍糙涩，叶舌短小平截，缘具纤毛；叶坚硬，纵卷如针，长10~30 cm，上面具微毛，下面无毛；小穗草黄色，长1.5~1.7 cm；颖窄披针形，无毛，第一颖具3~5脉，等长于小穗，下部边缘覆盖，第二颖具3脉，稍短于第一颖且基部被其包裹；外稃光滑，长5~7 mm，3脉，先端平截，具短毛，基盘尖，长约1 mm，具短毛，芒长2~4 mm，被柔毛，主芒长约1 cm，侧芒稍短；内稃椭圆形，长约2.2 mm；鳞被2，长约2 mm；花药长约4 mm。花果期7—9月。

生长于多固定沙丘或沙漠边缘，海拔300~600 m。在我国分布于新疆，欧洲及中亚也有分布。

在抽穗前为牲畜所喜食之牧草。同时也是较好的固沙植物。

沙芦草
Agropyron mongolicum Keng

| 属 | 冰草属 | Agropyron Gaertn. |
| 科 | 禾本科 | Gramineae |

秆成疏丛，直立，高20~60 cm，有时基部横卧而节生根呈匍茎状，具2~3（6）节。叶片长5~15 cm，宽2~3 mm，内卷呈针状，叶脉隆起成纵沟，脉上密被微细刚毛。穗状花序长3~9 cm，宽4~6 mm，穗轴节间长3~5（10）mm，光滑或生微毛；小穗向上斜生，长8~14 mm，宽3~5 mm，含（2）3~8朵小花；颖两侧不对称，具3~5脉，第一颖长3~6 mm，第二颖长4~6 mm，先端具长约1 mm的短尖头，外稃无毛或具稀疏微毛，具5脉，先端具短尖头长约1 mm，第一外稃长5~6 mm；内稃脊具短纤毛。花果期5—7月。

生长于砾质荒漠、沙地、干旱山坡。中国特有种，分布于新疆、内蒙古、山西、陕西、甘肃。

为良好的牧草，各种家畜均喜食。

- 《国家重点保护野生植物名录》：Ⅱ级
- 《新疆维吾尔自治区重点保护野生植物名录》：Ⅱ级

大赖草

Leymus racemosus (Lam.) Tzvel.

属	赖草属	Leymus Hochst.
科	禾本科	Poaceae

秆高 0.4~1 m，径约 1 cm，微糙，6~7 节；叶鞘包茎，具膜质边缘，叶舌长 1~4 mm；叶稍扭曲，长 20~40 cm，宽 0.8~1.5 cm；穗状花序直立，长 15~30 cm，宽 1~3 cm；穗轴坚硬，扁圆形，棱边具细毛，每节具 4~7 个小穗（顶端具 2~3 个小穗）；小穗具 3~5 朵小花；颖披针形，长 1.2~2 cm，无毛，中脉粗；第一外稃长 1.5~2 cm，背面被白色细毛；内稃比外稃短 1~2 mm，2 脊无毛；花药长约 5 mm；花果期 6—9 月。

生长于沙丘下部、丘间沙地。在我国分布于新疆，俄罗斯、蒙古国也有分布。

沙鞭

Psammochloa villosa (Trin.) Bor

属	沙鞭属	Psammochloa Hitchc.
科	禾本科	Poaceae

多年生草本，根茎长 2~3 m；秆高 1~2 m，径 0.8~1 cm，光滑，基部有黄褐色枯萎叶鞘；叶鞘几包裹全部植株，叶舌披针形，长 5~8 mm，膜质；叶片坚硬，长达 50 cm，宽 0.5~1 cm，平滑；圆锥花序紧缩直立，长达 50 cm，宽 3~4.5 cm；分枝数枚生于主轴一侧，微粗糙；小穗柄短，小穗淡黄白色，长 1~1.6 cm；颖披针形，近等长或第一颖稍短，被微毛，3~5 脉；外稃圆柱形，长 1~1.2 cm，纸质，密被长柔毛，5~7 脉，先端 2 微裂，基盘钝且无毛，芒自裂齿间伸出，长 0.7~1 cm，直立，早落；内稃几等长于外稃，背部圆形被柔毛，5~7 脉，中脉不明显，边缘内卷，不为外稃紧密包裹；鳞被 3，卵状椭圆形；雄蕊 3 枚，花药长约 7 mm，顶生毫毛。花果期 5—9 月。

生长于半固定沙丘或上丘间沙地，海拔 910~2900 m。在我国分布于内蒙古、甘肃、新疆、青海、陕西等地，蒙古国也有分布。

沙生针茅

Stipa glareosa P. A. Smirn

属	针茅属	Stipa L.
科	禾本科	Poaceae

秆高15~50 cm，1~2节；叶鞘具短柔毛或粗糙柔毛，基生与秆生叶舌长约1 mm，钝圆，边缘具纤毛；叶片纵卷如针，上面被短毛，下面密生刺毛，秆生叶长2~4 cm，基生叶长达20 cm；外稃长0.7~1 cm，背部具成纵行毛，先端关节生1圈短毛，基盘长约2 mm，密被柔毛，芒一回膝曲、扭转，芒柱长约1.5 cm，具长约2 mm的羽状毛，芒针长3~5.5 cm，常弧曲，具长约4 mm的羽状毛；内稃与外稃近等长，1脉，背部略具柔毛；颖尖披针形，近等长，长2~3.5 cm，先端细丝状尾尖，3~5脉。花果期5—10月。

生长于石质山坡、丘间洼地、戈壁沙滩及河滩砾石地，海拔630~5150 m。

在我国分布于新疆、内蒙古、宁夏、甘肃、西藏、青海、陕西、河北，蒙古国也有分布。

白草

Pennisetum centrasiaticum Tzvel.

属　狼尾草属　Pennisetum Rich.

科　禾本科　Poaceae

多年生草本。具横走的根茎；秆直立丛生，高20~90 cm。叶鞘疏松包茎，近无毛，叶舌短，具纤毛；叶片条形，长10~25 cm，宽5~8（12）mm，两面无毛。圆锥花序紧密呈穗状圆柱形，直立或稍弯曲，长5~15 cm，宽约10 mm；主轴具棱角，无毛或罕见疏生短毛，残留在主轴上的总梗，刚毛柔软，长8~15 mm，灰绿色或紫色；小穗通常单生，卵状披针形，长3~8 mm；第一颖微小，脉不明显；第二颖长为小穗的1/3~3/4，具1~3脉，先端尖；第一小花雄性，第一外稃与小穗等长，厚膜质；第二小花两性，第二外稃具5脉，先端尖，与内稃同为纸质；鳞被2，先端截平微凹；雄蕊3枚，花药紫色，长2.8~3.8 mm，顶端无毫毛；花柱基部连合。颖果长圆形，长约2.5 mm。花果期5—9月。

多生于海拔800~4600 m的固定沙地、山坡和较干燥的沙质土壤。在我国分布于新疆、内蒙古、甘肃、青海、西藏、黑龙江、吉林、辽宁、河北、山西、陕西、四川、云南，俄罗斯、日本及中亚和西亚也有分布。

为优良牧草。

皮山蔗茅
Erianthus ravennae (L.) Beauv.

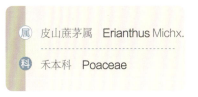

属　皮山蔗茅属　Erianthus Michx.

科　禾本科　Poaceae

　　高大而粗壮的多年生草本。秆高1.5~3 m，丛生如苇，秆中实，光滑无毛，下部茎节上密被黄色毛。叶鞘圆筒形；叶舌长毛状；叶片扁平，长约60 cm，宽0.3~0.8 cm。圆锥花序开展，多分枝，长30~60 cm；小穗含1朵两性花，孪生，长约4 mm，两侧扁压，脱节于颖之下，小穗轴密被长于小穗的白色长柔毛；颖革质，颖脊上具短刺毛；外稃膜质，稃脊上具纤毛；雄蕊3枚，花药黄色；柱头羽毛状。

　　生长于固定沙丘、沙地、河谷沙石地。在我国分布于新疆和田，中亚及伊朗、印度也有分布。

　　植物高大如芦苇，故有"假芦苇"之称。其茎秆及叶子可以编织生活用品及工艺品。

• 《新疆维吾尔自治区重点保护野生植物名录》：Ⅰ级

囊果薹草
Carex physodes M. Bieb.

| 属 | 薹草属 Carex L. |
| 科 | 莎草科 Cyperaceae |

根状茎细长，匍匐；秆高20~25 cm，宽约1 mm，直立，钝三菱形，纤细，平滑，基部具淡棕色老叶鞘；叶短于秆，宽1~2 mm，对折或内卷，边缘粗糙，稍弯曲，灰绿色；苞片基部呈刚毛状；小穗3~6个，雄雌顺序，紧密地聚集成头状花序，长圆状卵形或近球形，花序长2~3 cm，宽1.2~2 cm；果囊极长于或宽于鳞片，幼时卵形，稍扁，成熟时增大呈球形或椭圆形，极膨胀，长1~1.5 cm，宽5~10 mm，薄纸质，淡黄锈色，无毛，具细脉，基部圆形，具稍短的柄，顶端急缩成极短的喙，喙口白色膜质，具2齿，齿斜截形，后斜扭转；坚果小，极疏松地包于果囊中，椭圆形或近圆形，扁平，长3 mm，宽2 mm，淡黄色，有的基部具退化小穗轴；花柱基部膨大，柱头2个。花果期4—5月。

生长于固定沙地。在我国分布于新疆，俄罗斯及中亚也有分布。

蒙古韭
Allium mongolicum mongolicum Regel

属 葱属 Allium L.

科 石蒜科 Amaryllidaceae

多年生草本，地下鳞茎密集丛生，圆柱状；鳞茎外皮褐黄色，破裂呈纤维状。茎高15~25（30）cm，圆柱状，下部被叶鞘。总苞单侧开裂，宿存；伞形花序半球状至球状，具密集的小花，小花梗等长，长于花被片1倍或少数近等长，基部无小苞片；花淡紫色、淡红色至紫红色；花被片卵状矩圆形，长6~9 mm。宽3~5 mm，先端钝圆，内轮常比外轮长；花丝近等长，为花被片长度的1/2~2/3，基部合生并与花被片贴生，内轮基部约1/2扩大呈卵形，外轮锥形；子房倒卵状球形，花柱不伸出花被外。

生长于沙地及干旱山坡。在我国分布于新疆、青海、甘肃、宁夏、陕西、内蒙古和辽宁，俄罗斯、哈萨克斯坦和蒙古国也有分布。

蒙古韭的叶及花可食用，地上部分可入药，各种牲畜均喜食，为优等饲用植物。具有耐风蚀、耐干旱、耐瘠薄的特点，营养价值和药用价值极高，是一种生态价值和经济价值兼具的重要荒漠植物。

粗柄独尾草
Eremurus inderiensis (M. Bieb.) Regel

属 独尾草属 Eremurus M. Bieb.

科 百合科 Liliaceae

植株高40~80 cm。茎较粗，密被短柔毛。叶宽0.6~1.5 cm，边缘通常粗糙。总状花序具稠密的花；花梗较粗，直立，无关节；苞片先端有长芒，背部有1条或3条深褐色的脉，边缘有长柔毛；花被窄钟形，据文献记载为淡紫色；花被片长约1 cm，窄矩圆形，有3条深褐色脉，在花萎谢时不内卷；雄蕊较短，花药稍露出花被外。蒴果直径8~10 mm，表面平滑。种子三菱形，有宽翅。花期5月，果期5—6月。

生长于沙漠固定沙丘、沙地。在我国分布于新疆，伊朗、阿富汗、蒙古国和中亚也有分布。

山丹
Lilium pumilum DC.

(属) 百合属　Lilium L.

(科) 百合科　Liliaceae

鳞茎卵形或圆锥形，高2.5~4.5 cm，径2~3 cm；鳞片长圆形或长卵形，长1~3.5 cm，宽1~1.5 cm，白色；叶散生茎中部，线形，长3.5~9 cm，宽1.5~3 mm，中脉下面突出，边缘有乳头状突起；花单生或数朵成总状花序；花鲜红色，常无斑点，有时有少数斑点，下垂；花被片反卷，长4~4.5 cm，宽0.8~1.1 cm，蜜腺两侧有乳头状突起；花丝长1.2~2.5 cm，无毛，花药长约1 cm，黄色；子房长0.8~1 cm；花柱长1.2~1.5 cm，柱头膨大，径5 mm，3裂；蒴果长圆形，长2 cm。花期7—8月，果期9—10月。

生长于固定沙地，山坡草地或林缘400~2600 m。分布于中国北方，俄罗斯、朝鲜、蒙古国也有分布。

折枝天门冬

Asparagus angulofractus Iljin

多年生直立草本植物。茎高20~40 cm。茎和分枝平滑，稍回折状。叶状枝1~5枚成簇，通常平展构成直角状，一般长1~3 cm，粗1~1.5 mm；鳞片状叶基部无刺。花通常2朵腋生，淡黄色；雄花；花梗长4~6 mm，关节位于近中部或上部，花狭钟状；外花被片3枚，卵圆形，长3~3.5 mm，雄蕊长圆形，淡黄色；雌花的花被片卵形，长3~4 mm，花梗常比雄花的稍长，关节位于上部。浆果成熟后呈红色。种子2~3粒。花期5—7月。

生长于平原荒漠中及半固定的沙丘，在我国分布于新疆，俄罗斯、中亚也有分布。

属　天门冬属　Asparagus L.

科　百合科　Liliaceae

细叶鸢尾
Iris tenuifolia Pall.

属	鸢尾属	Iris L.
科	鸢尾科	Iridaceae

多年生密丛草本，植株基部宿存老叶叶鞘；根状茎块状，木质；叶质坚韧，丝状或线形，长20~60 cm，宽1.5~3 mm，扭曲卷旋，中脉不明显；苞片4，披针形，膜质，包2~3朵花；花蓝紫色，直径5~8 cm；蒴果倒卵圆形，长3.2~4.5 cm，有短喙；种子长圆形；表面多皱纹，黑褐色。

生长于海拔500~4400 m的固定沙地或半固定沙丘。在我国分布于新疆、内蒙古、甘肃、宁夏、青海、西藏、河北、山西、陕西、黑龙江、吉林、辽宁，俄罗斯、蒙古国、阿富汗、土耳其也有分布。

膜苞鸢尾
Iris tenuifolia Pall.

属	鸢尾属	Iris L.
科	鸢尾科	Iridaceae

　　植株基部包有稀疏老叶纤维；根状茎斜伸；叶灰绿色，剑形或镰状弯曲，长 5~18 cm，宽 1~1.8 cm；花茎高约 1 cm；苞片 3，膜质，边缘红紫色，包 2 朵花；花色较多，白色、黄色、粉色至蓝紫色，径 5.5~6 cm；花被筒上部喇叭形；外花被裂片倒卵形，中脉有黄色须毛状附属物，内花被裂片倒披针形；雄蕊长约 1.8 cm；花柱分枝顶端裂片窄三角形；子房纺锤形；蒴果纺锤形或卵圆状柱形，顶端渐尖，无喙；花期 4—5 月，果期 5—7 月。

　　生长于山前固定沙地，或干旱石质山坡。在我国分布于新疆，俄罗斯也有分布。

　　本种花大，具有多种花色，且艳丽多彩，极其适合荒漠区绿化观赏。

大苞鸢尾
Iris bungei Maxim.

属	鸢尾属 Iris
科	鸢尾科 Iridaceae

密丛草本，高15~25 cm；植株根部残留老叶叶鞘；根状茎块状，木质；叶线形，有4~7纵脉，无中脉，长20~50 cm，宽2~4 mm；苞片3，宽卵形或卵形，长8~10 cm，平行脉间无横脉，包2朵花；蒴果圆柱状窄卵圆形，长8~9 cm，顶端喙长8~9 cm；花期5—6月，果期7—8月。

生长于沙漠、半荒漠、沙质草地或沙丘，在我国分布于内蒙古、山西、甘肃、宁夏，蒙古国也有分布。

观赏饲用。

五趾跳鼠
Orientallactaga sibirica (Forster, 1778)

属	东方五趾跳鼠属	Orientallactaga
科	跳鼠科	Dipodidae

　　跳鼠科中体形最大的一种，体长超过120 mm。耳大，前折可达鼻端。头圆，眼大。后肢长为前肢的3~4倍，后足具5趾，第1趾和第5趾趾端不达中间3趾基部。尾长约为体长的1.5倍，末端具黑白长毛形成的毛束。栖居于半荒漠草原和山坡草地上，尤喜选择具有干旱草原的环境。以植物性食物为主，兼食草根，同时亦捕食一些甲虫。适应性强，活动范围广，不集群生活，夜行性。每年繁殖1次，4—5月交配，6月产崽，每窝2~4只，最多产7只。

　　在我国分布于河北、山西、内蒙古、陕西、宁夏、青海和新疆，国外分布于哈萨克斯坦、吉尔吉斯斯坦、土库曼斯坦、乌兹别克斯坦、蒙古国、俄罗斯。

• 《中国脊椎动物红色名录》：无危（LC）

大沙鼠
Rhombomys opimus (Lichtenstein, 1823)

属	大沙鼠属	Rhombomys
科	鼠科	Muridae

　　别名黄老鼠、大沙土鼠。体长大于150 mm，耳短小，不及后足长之半。耳壳前缘列生长毛，耳内侧仅靠顶端被有短毛。趾端有强而锐的爪，后肢跖部及掌部被有密毛，前肢掌部裸露。尾粗大，几乎接近体长，上被密毛，尾后段的毛较长。栖息在海拔900 m以下的沙土荒漠、黏土荒漠和石砾荒漠地区。植食性动物，食谱达40多种，主要有梭梭、猪毛菜、琵琶柴等。营群落生活，白天活动，不冬眠，听觉和视觉非常敏锐。4—9月繁殖，高峰期在5—7月，年产2~3胎，胎产1~12崽，多为5~6崽。

　　在我国分布于内蒙古、甘肃、新疆，国外分布于阿富汗、哈萨克斯坦、吉尔吉斯斯坦、蒙古国、伊朗。

• 《中国脊椎动物红色名录》：无危（LC）

蓝颊蜂虎

Merops persicus Pallas, 1773

属	蜂虎属　Merops
科	蜂虎科　Meropidae

中等体形（28~32 cm）的蜂虎。颊蓝绿色显著，颏鲜黄色，喉鲜栗色，自额至背及翅为灰绿色，自胸以下浅黄绿色至浅绿色，中央尾羽长且狭细，尾和腰蓝色。栖息于荒漠疏林、河岸等开阔地区。以蜂类、蜻蜓、甲虫等昆虫为食物。营巢于荒漠岩坡或河谷岸边土崖，多年使用，一处壁面常见多个巢洞零散分布。繁殖期4—7月，每窝产卵4~7枚。雄鸟和雌鸟轮流营巢、孵卵及育雏。雏鸟晚成性。

国内罕见于新疆，近年在伊犁发现一个稳定的小繁殖种群，另有迷鸟记录于新疆东南部的阿尔金山；国外分布于埃及、以色列、土耳其、阿富汗等地。

- 《国家重点保护野生动物名录》：Ⅱ级
- 《中国脊椎动物红色名录》：数据缺乏（DD）

荒漠伯劳

Lanius isabellinus Hemprich & Ehrenberg, 1833

　　体形较小（16~19 cm）的伯劳。雄鸟繁殖期上体灰沙褐色，嘴基至前额淡沙褐色，头顶至上背灰沙褐色，下背至尾上覆羽染以锈色。栖息于荒漠地区疏林地带。主要以蝗虫、蜂、蝇、蛾、蚂蚁等昆虫为食，也吃植物种子。通常筑巢于小树或高的灌木枝杈上，巢呈杯状，主要由细枝、草茎、草叶和植物纤维等材料构成，内垫细草茎、棉花、羊毛、马毛等柔软物质。繁殖期5—7月，营巢主要由雄鸟承担，满窝卵4~5枚，孵卵期14~15天，雏鸟经双亲饲喂约15天离巢。

　　在我国分布于新疆、青海、甘肃、宁夏和内蒙古，国外主要分布于蒙古国、阿富汗、巴基斯坦、印度、伊朗、非洲，偶见于欧洲西北部。

属	伯劳属	Lanius
科	伯劳科	Laniidae

· 《中国脊椎动物红色名录》：无危（LC）

黑尾地鸦

Podoces hendersoni (Hume, 1871)

属	地鸦属 Podoces
科	鸦科 Corvidae

体形略小（28~31 cm）的浅褐色地鸦。上体沙褐色，背及腰略沾酒红色，头顶黑色具蓝色光泽，两翼闪辉黑色，初级飞羽具白色大块斑，尾蓝黑色。栖息于干旱的山脚平原、荒漠和半荒漠地区。主要在地上活动，行为谨慎机警，奔跑迅速，喜欢刨土。多在灌丛中觅食，主要以蝗虫、蚂蚁、鞘翅目甲虫等昆虫及幼虫为食，也吃蜥蜴、小型鼠类、植物果实和种子等。巢呈杯状，营巢于灌丛或土洞内，由枯枝、根等材料编织而成，内垫有柔软物质。

在我国分布于新疆、甘肃、青海、宁夏、内蒙古，国外分布于蒙古国和塔吉克斯坦。

- 《国家重点保护野生动物名录》：Ⅱ级
- 《中国脊椎动物红色名录》：易危（VU）

白尾地鸦

Podoces biddulphi (Hume, 1874)

体小（29~30 cm）的褐色地鸦。嘴向下弯，具紫黑色短宽冠羽，颊及喉偏黑，眼先、眼圈、头侧及颈部皮黄色，翼覆羽黑色具紫色辉光，尾白色。典型的沙漠鸟类，主要栖息于干旱平原和荒漠地区，尤以植被稀疏的沙质荒漠地区较常见。主要食物是荒漠中的昆虫，以鞘翅目各种步甲为主，此外还有直翅目、双翅目昆虫及小型蜥蜴和少量植物的种子及果实。营巢于枯树的枝干间，巢呈杯形，以干草、枯叶、兽毛等材料搭建。繁殖期3—6月，每巢产卵1枚，偶见2枚或3枚。

新疆南部塔克拉玛干沙漠特有种，种群数量稀少。在甘肃西部也有过记录，未见于国外。

| 属 | 地鸦属 | Podoces |
| 科 | 鸦科 | Corvidae |

- 《国家重点保护野生动物名录》：Ⅱ级
- 《中国脊椎动物红色名录》：易危（VU）

漠白喉林莺
Curruca minula Hume, 1873

属 白喉林莺属 Curruca

科 莺鹛科 Sylviidae

体形略小（13 cm）的纯色林莺。上体青沙灰色，喉及下体白色，尾缘白色。与白喉林莺的区别在于体羽灰色较淡，无近黑色的耳羽且嘴较小；与漠地林莺的区别在于体羽灰色而非棕褐色，且尾上覆羽灰色。栖息于零星灌木和植物生长的干旱荒漠、半荒漠、戈壁。主要以鞘翅目昆虫及幼虫为食，其次为鳞翅目幼虫和蚂蚁，此外也吃少量的植物种子。营巢于灌丛中，有时也在低矮的树上营巢。巢呈杯状，主要由枯草构成，内垫有细草茎，有时还垫有兽毛。繁殖期5—7月，每窝产卵4~6枚。

在我国分布于新疆、内蒙古、宁夏、甘肃及青海，国外分布于伊朗、阿富汗、巴基斯坦、塔吉克斯坦、土耳其及中亚等地。

• 《中国脊椎动物红色名录》：无危（LC）

荒漠林莺

Curruca nana (Hemprich & Ehrenberg, 1833)

体形略小（11.5~12.5 cm）的纯棕褐色林莺。三级飞羽、腰及尾上覆羽棕色，下体白色，似白喉林莺及沙白喉林莺，但色彩较淡且多为棕色。栖息于海拔300~1600 m荒漠和半荒漠地区的灌木及防护林带林缘灌丛。食物纯以昆虫为食，包括鳞翅目、鞘翅目以及半翅目昆虫及幼虫。营巢于荒漠、半荒漠的灌木上，巢呈杯状。繁殖期5—7月，每窝产4~5枚卵，雏鸟由双亲共同育雏，雏鸟晚成性。

在我国分布于新疆和内蒙古，国外分布于塔吉克斯坦、伊朗、蒙古国等地。

属	白喉林莺属	Curruca
科	莺鹛科	Sylviidae

• 《中国脊椎动物红色名录》：无危（LC）

西域山鹛

Rhopophilus albosuperciliaris (Hume, 1873)

属 山鹛属 Rhopophilus

科 鸦雀科 Paradoxornithidae

　　体大（18 cm）的浅褐色山鹛。眉纹白色，上体烟灰色而具褐色纵纹，下体白色，两胁及腹部具醒目的栗色纵纹，尾下皮黄色，外侧尾羽羽缘白色。栖息于荒漠平原胡杨林、红柳灌丛、防护林及绿洲边缘林地。食物主要以象甲、金龟甲及幼虫、虫卵等昆虫为食，秋冬季节也吃草籽、果实等植物型食物。通常营巢于灌木或幼树下部的树杈上，有茂密的灌木枝叶掩护，巢呈深杯状，主要用枯草茎、树叶和一些柔软的植物纤维构成，内垫有细草茎，外面有时还缠有蜘蛛网、羊毛等。繁殖期5—7月，每窝产卵4~5枚。

　　在我国分布于内蒙古、甘肃、新疆、青海，国外未见分布。

- 《中国脊椎动物红色名录》：无危（LC）

棕薮鸲

Cercotrichas galactotes Temminck, 1820

属 棕薮鸲属 Cercotrichas

科 鹟科 Muscicapidae

　　小型鸟类（15~18 cm）。上体赭褐色，腰和尾上覆羽棕褐色，具白色眉纹，翅褐色，尾具白色端斑和黑色次端斑。栖息于梭梭、红柳等荒漠植物的荒漠与半荒漠地带。主要以昆虫为食，尤其喜吃蚂蚁、甲虫、蝴蝶等昆虫及幼虫。通常营巢于灌丛，偶尔也在小树枝杈上或灌丛地上筑巢，雌雄鸟共同筑巢，巢呈杯状，主要由枯草叶、草根和草茎构成，内垫有棉花、兽毛和鸟类羽毛等。繁殖期5—7月，每窝产卵3~5枚，雌鸟孵卵，雏鸟晚成性，雌雄亲鸟共同育雏。

　　在我国仅分布于新疆北部准噶尔盆地南缘一处非常狭小的区域，国外分布于欧洲、非洲、西亚、中东。

- 《新疆重点保护野生动物名录》：Ⅰ级
- 《中国脊椎动物红色名录》：数据缺乏（DD）

沙鵰

Oenanthe isabellina (Cretzschmar, 1826)

体大（15~16.5 cm）的沙褐色鵰。色平淡而略偏粉且无黑色脸罩，翼覆羽较少黑色，腰及尾基部更白。多见于干旱荒漠，如灌丛荒漠、固定沙丘地带、干旱区的农耕地环境。主要以甲虫、鳞翅目幼虫、蝗虫、蜂、蚂蚁等昆虫及幼虫为食。通常营巢于开阔地上废弃的各种鼠洞中，巢呈浅碟状，主要由细草茎、细根、动物毛发等构成。繁殖期5—7月，每窝产卵4~7枚，孵卵由雌鸟承担，孵化期约15天，雏鸟晚成性，雌雄亲鸟共同育雏。

在我国分布于河北、山西、陕西、内蒙古、宁夏、甘肃、新疆、西藏、青海，国外分布于欧洲东南部、非洲中北部、中亚、南亚及蒙古国。

属	鵰属	Oenanthe
科	鹟科	Muscicapidae

- 《中国脊椎动物红色名录》：无危（LC）

黑顶麻雀
Passer ammodendri Gould, 1872

属 麻雀属 Passer

科 雀科 Passeridae

中等体形（14~16 cm）的麻雀。繁殖期雄鸟头顶有黑色的冠顶纹至颈背，眼纹及颏黑色，眉纹及枕侧棕褐色，上体褐色而密布黑色纵纹；雌鸟色暗但上背的偏黑色纵纹以及中覆羽和大覆羽的浅色羽端明显。栖息于荒漠、半荒漠和有稀疏灌木的沙漠、沙漠中的绿洲、河谷、农田等地。杂食性，繁殖期间主要以象甲、金龟甲、虎甲、瓢甲、蝇等昆虫为食，非繁殖期主要以种子、果实、草籽、荒漠植物的叶和芽等植物性食物为食。筑巢于树洞中，主要由草茎、植物纤维、芦苇叶、羽毛和兽毛等构成。繁殖期5—7月，1年繁殖1~2窝，每窝产卵4~6枚。

在我国分布于新疆、甘肃、宁夏、内蒙古，国外分布于伊朗、哈萨克斯坦、吉尔吉斯斯坦和蒙古国。

• 《中国脊椎动物红色名录》：无危（LC）

巨嘴沙雀

Rhodospiza obsoleta Lichtenstein, 1823

中等体形（13~15 cm）的沙雀。两翼粉红，嘴亮黑，粗厚呈圆锥状，体羽沙褐色，翼及尾羽黑而带白色及粉红色羽缘，雄鸟眼先黑色而雌鸟眼先无黑色。栖息于无树或有稀疏树木的干旱平原、低山丘陵及半荒漠和荒漠地区。主要以各种植物种子为食，也吃坚果和浆果等植物果实。营巢于树权或灌木上，较为暴露，巢呈杯状，外层主要用细枝、草茎等材料构成，结构较为粗糙、松散，内层多由细麻、线、棉花、种子毛、花茎、兽毛等材料，结构较紧密而精致。繁殖期4—7月，1年繁殖2窝，产卵多为4~6枚。

在我国分布于新疆、青海、甘肃、宁夏、内蒙古、陕西，国外分布于北非、中东及中亚。

属	沙雀属	Rhodospiza
科	燕雀科	Fringillidae

四爪陆龟
Testudo horsfieldii Gray, 1844

属　陆龟属　Testudo

科　陆龟科　Testudinidae

背甲长96~130 mm，宽86~119 mm，高51~69 mm；头宽19~22 mm。头及四肢黄褐色，四肢粗壮呈柱状，前肢前部覆有坚硬的角质鳞；指、趾4爪，无蹼，尾短。雌性体形较长，雄性较短圆。栖息于海拔600~1100 m黄土丘陵草原半荒漠地区，洞穴隐蔽，白昼外出活动，行动快捷。草食性，以野葱、蒲公英、早熟禾、顶冰花等多种植物的茎、果实、叶为食，偶尔吃蜥蜴、甲虫等动物性食物。3—8月为其活动季节，4月上、中旬开始交配，5月底雌龟开始挖穴产卵，每次2~4枚，卵为乳白色，长椭圆形。孵化期约120天，幼龟孵出后入蛰。雌龟约12龄性成熟、雄龟约10龄性成熟。

国内仅分布于新疆霍城地区，国外分布于阿富汗及中亚。

- 《国家重点保护野生动物名录》：Ⅰ级
- 《中国脊椎动物红色名录》：极危（CR）

吐鲁番沙虎
Teratoscincus roborowskii Bedriaga, 1906

　　头体长约110 mm，尾长约85 mm。吐鲁番沙虎原是伊犁沙虎的亚种，后被独立出来。头大，指、趾不扩展，两侧具栉缘；体面灰黄色，沿体背有6~9条褐色或黑褐色横斑，沿体侧有褐色纵带。生活在沙地、沙丘，有时见于有树木的平原。夜行性物种，多选择距离植株0~20 m范围内、疏松土层厚度30 cm的沙质地带构筑的洞穴，卵生。属静候型捕食者，不同月份的食物种类和数量不同。在4—5月份，主要以小型节肢动物为食；6—9月份，杂食性，食谱中以节肢动物和刺山柑果实为主；成、幼体的食性生态位重叠度较高，成体的食性生态位较宽。

　　中国特有种。在我国分布于新疆吐鲁番地区。

属　沙虎属　Teratoscincus

科　球趾虎科　Sphaerodactylidae

- 《国家重点保护野生动物名录》：II级
- 《中国脊椎动物红色名录》：近危（NT）

大耳沙蜥
Phrynocephalus mystaceus (Pallas, 1776)

属	沙蜥属 Phrynocephalus
科	鬣蜥科 Agamidae

体长 150 mm 左右，体形在沙蜥中最大。最显著的特征是在两颊的嘴角有像耳朵一样的皮肤褶皱，故名大耳沙蜥。背面沙黄色，腹部黄白色。尾的腹面基白端黑（幼蜥呈基橙端黑）。栖息于半固定沙丘，常在稀疏的小灌木下挖洞居住。主要以蚂蚁、蜘蛛、蝗虫、鞘翅目昆虫及幼虫为食。愤怒、攻击或准备逃避时，会露出肉红色的"耳"，并不停地扇动，发出"呼呼"的响声来恐吓对方，奔跑速度很快，遇到危险快速地钻入沙丘。

国内仅分布于新疆霍城地区，国外分布于阿富汗、伊朗、哈萨克斯坦、吉尔吉斯斯坦、土库曼斯坦、乌克兰、白俄罗斯和土耳其。

- 《国家重点保护野生动物名录》：Ⅰ级
- 《中国脊椎动物红色名录》：濒危（EN）

东方沙蟒
Eryx tataricus (Lichtenstein, 1823)

属	沙蟒属	Eryx
科	蟒科	Boidae

　　体长约400 mm，雌性可达418 mm。体形较小，头颈不分明，眼位于头两侧，鼻孔位于前部。全身被以较小鳞片，尾短，末端钝圆。体背面淡褐色和砖红色，具黑褐色横斑。腹面灰白色，有黑点。幼体与成体颜色无差异。雌性成体较大。栖居于沙土或黄土、黏土地带，在沙土或黄土地区掘穴而居，在黏土地区则利用跳鼠、沙鼠或其他啮齿类洞穴。成体吞食沙鼠、跳鼠、鸟类、蜥蜴等脊椎动物，幼体吞食虫类。卵胎生，6—8月为繁殖期，每次产10崽。一般4岁性成熟。

　　在我国分布于内蒙古、新疆、甘肃、宁夏，国外分布于蒙古国、伊朗、哈萨克斯坦。

- 《国家重点保护野生动物名录》：Ⅱ级
- 《中国脊椎动物红色名录》：易危（VU）

塔里木蟾蜍
Bufotes pewzowi (Bedriaga, 1898)

属	漠蟾蜍属 Bufotes
科	蟾蜍科 Bufonidae

　　雄蟾体长69~77 mm，雌蟾体长77~86 mm。头部鼓膜显著，头宽大于头长；吻端圆，吻棱显著；鼓膜椭圆形，雄性有声囊。雄蟾背面橄榄色、浅绿色或灰棕色，头后及体背面满布大小瘰疣，其上密布小白刺；雌蟾背面满布棕黑色或墨绿色圆形或长形斑，痕粒较少而稀疏，多光滑无刺。生活于海拔150~2000 m多种生境，常栖于农田、水坑、荒地，乃至沙漠边缘。成蟾3—4月出蛰，白天多隐藏于泥洞内、石块下或草丛中，黄昏时出来活动，捕食多种昆虫、蜂、蜘蛛和蚯蚓等。4—5月繁殖，一般含卵2000~4500粒，多者达12000粒。从产卵至变成幼蟾需约60天。10月冬眠于土洞和石穴内。

　　我国新疆干旱地区特有种之一，是新疆广布的两栖物种。国内广布于新疆天山以北；国外分布于土库曼斯坦、塔吉克斯坦、吉尔吉斯斯坦、哈萨克斯坦、蒙古国。

• 《中国脊椎动物红色名录》：无危（LC）

富丽灰蝶

Cigaritis epargyros (Eversmann, 1854)

小型蝶类，翅展25~35 mm，翅正面橙红色，有3~4条黑色斑带，顶角处亚外缘带内侧有1枚浅色斑，后翅具2条尾突。翅反面底色黄白色，前后翅均具有4条闪亮的银色线，外围橙色和黑色斑纹。雌雄斑纹相似，但雌蝶正面的黑色斑纹更发达。成虫期4—9月，飞行速度极快，但每次飞行距离较短，常在柽柳开花季节访花。幼虫取食豆科骆驼刺属植物。

在新疆北部荒漠边缘可以见到的蝶类，栖息于生长有梭梭、柽柳、骆驼刺等植物群落的干热沙漠外围。国外分布于哈萨克斯坦、吉尔吉斯斯坦、乌兹别克斯坦、蒙古国、伊朗、阿富汗、巴基斯坦、阿塞拜疆。

属　富丽灰蝶属　Cigaritis

科　灰蝶科　Lycaenidae

克豆灰蝶

Plebejus christophi (Staudinger, 1874)

属	豆灰蝶属　Plebejus
科	灰蝶科　Lycaenidae

　　小型蝶类，翅展22~30 mm，雄蝶翅正面蓝色，翅外缘黑色带极狭窄。翅反面底色浅灰色，有的个体略带棕色，后翅基部的灰蓝色鳞片不发达，亚外缘的蓝色斑被黑色斑纹包围，橙红色弧形斑纹暗淡且彼此分离，前翅反面一般不出现橙色亚外缘斑。雌蝶翅正面基半部蓝色，端半部为棕色，翅反面底色比雄蝶更暗。成虫期4—9月。幼虫取食豆科骆驼刺属植物，体灰绿色拟态骆驼刺叶片，与卷曲的植物叶片浑然一体，惟妙惟肖。

　　新疆北部荒漠地区常见的蝶类，栖息于海拔500~1400 m的荒漠，有时也出现在深入荒漠的农田边缘，国外分布于哈萨克斯坦、吉尔吉斯斯坦、乌兹别克斯坦、塔吉克斯坦、土库曼斯坦、蒙古国、伊朗和阿富汗。

银底豆灰蝶
Plebejus maracandicus (Erschoff, 1874)

小型蝶类，翅展24~34 mm，雄蝶翅正面深蓝色，翅外缘黑色带极狭窄。翅反面底色灰白色至银白色，前翅反面具明显橙色亚外缘斑，后翅基部的灰蓝色鳞片略发达，亚外缘的蓝色斑被黑色斑纹包围，其中常包含灰绿色鳞片，橙红色弧形斑纹发达，至少与外侧的蓝色斑等宽，有的个体橙色斑连接成带状。雌蝶翅正面棕色，前后翅均有橙色亚外缘斑，翅反面底色较雄蝶更深，橙色斑更发达。成虫期4—9月，常与克豆灰蝶同时发生，飞行迅速，多围绕寄主植物飞行。幼虫取食豆科黄芪属植物弯花黄芪。

新疆北部荒漠地区偶见的蝶类，栖息于海拔500~2400 m的荒漠和山地草甸带，梭梭林中也可以见到，国外分布于哈萨克斯坦、吉尔吉斯斯坦、乌兹别克斯坦、塔吉克斯坦、土库曼斯坦、蒙古国、伊朗和阿富汗。

属	豆灰蝶属	Plebejus
科	灰蝶科	Lycaenidae

第六章

盐漠及常见物种

Chapter Six

一、盐漠

　　盐漠也称盐碱荒漠，是荒漠的常见类型，在西北干旱、半干旱地区，由于气候干旱，蒸发强烈，在地势平坦低洼地下水位高且排水不畅的地带，蒸发作用使土壤成土母质和地下水中的可溶性盐分不断积聚于地表，形成了不利于植物生长的大面积盐碱

盐碱荒漠之盐爪爪群系

荒漠，多集中于盆地周围山前冲积平原、河岸、湖泊边缘地带。

多数植物不宜生长在盐碱地上，而盐碱植物在形态和生理上都与其生长环境相适应。盐碱荒漠的建群植物多为高度耐盐碱（甚至喜盐）的多汁半灌木或小半灌木，藜科植物居多，这类植物可将多余的盐分分泌出体外，从而降低植物体内盐浓度，降低或避免土壤盐分的伤害，使之适应盐碱环境的生长。

盐穗木群系：盐穗木与潜水超旱生灌木形成的群落分布最为广泛。它普遍见于

塔里木盆地与准噶尔盆地周围山前盐渍化和比较干燥的沙瓤质土壤，土壤为结皮盐土和龟裂型盐土上。这类群落与盐爪爪群落形成复合体。盐穗木在群落中形成高80~100 cm的建群层片，而从属层片由高1~2 m刚毛柽柳、多枝柽柳等组成。群落总盖度可达30%。群落中的伴生植物有盐爪爪、盐节木、黑果枸杞、白刺、花花柴、骆驼刺、精河补血草（*Limonium leptolobum*）等。草本型植物中最常见的是一年生猪毛菜〔浆果猪毛菜（*Salsola foliosa*）、粗枝猪毛菜（*Salsola subcrassa*）等〕、盐生草（*Halogeton glomeratus*）、盐蓬属（*Halimocnemis* spp.）、对叶盐蓬（*Girgensohnia oppositiflora*）、叉毛蓬属（*Petrosimonia* spp.）等，还有盐角草（*Salicornia europaea*），在某些低洼处，盐角草可成片生长，形成单一层片，深秋时节，一片通红，甚是美观。

盐爪爪群系：盐爪爪群系分布于天山南北麓山前平原和吐鲁番盆地，喜生于底土潮湿的盐土上，小片分布于扇缘地带和盐池周围。群落比较密集，总盖度达30%~70%，常与刚毛柽柳、多枝柽柳形成稀疏的灌木群落，伴生植物有盐节木、小叶碱蓬、白刺、

塔里木河边的盐角草群落

黑果枸杞、小獐毛、骆驼刺、耳叶补血草（*Limonium otolepis*）等。该类群往往随着小地形起伏，与芨芨草或小獐毛盐化草甸呈现有规律的交替分布。

　　白刺群系：是盐碱荒漠的主要群落类型之一，主要分布于荒漠和半荒漠的湖盆沙地、河流阶地、山前平原积沙地、有风积沙的黏土地，河岸或湖泊盐池周围覆沙的盐土上，并在植丛下形成隆起的风积沙堆。该群系分布广，西北各省均有分布。其伴生植物种类较多，最主要的是一些荒漠旱生灌木及半灌木，如霸王、驼绒藜、红砂等，有时还能见到稀少的梭梭。多年生草本有花花柴（*Karelinia caspia*）、披针叶野决明（*Thermopsis lanceolata*）、骆驼蒿（*Peganum nigellastrum*）、骆驼蓬（*Peganum harmala*）、黄花补血草（*Limonium aureum*）等，一年生植物有多种虫实（*Corispermum* spp.）、雾冰藜（*Bassia dasyphylla*）、砂蓝刺头（*Echinops gmelini*）等；此外还有寄生在白刺上的锁阳，作为著名的中药植物，为白刺荒漠中的重要生物资源。锁阳组成的寄生植物层片在群落外貌和季相上也起到一定作用，春末夏初，在白刺植丛的绿色背景上，长出一丛丛红紫色的锁阳肉质茎，因而形成醒目的特殊季相景观。

盐碱荒漠之囊果碱蓬群系

囊果碱蓬群系：这一荒漠群系分布于天山北麓扇缘低地的黏土盐碱或沙砾质盐碱化土壤上。囊果碱蓬（*Suaeda physophora*）与白滨藜（*Atriplex cana*）、红砂分别形成群落。群落总盖度10%~20%，常伴随其生长的有盐爪爪、白刺、大叶补血草（*Limonium gmelinii*）、碱蓬属等。在个别土壤潮湿的河岸低洼处（额尔齐斯河、乌伦古河、准噶尔盆地南部）、盐池周围，其群落较密集，总盖度可达30%以上，此时群落中常混有白滨藜、里海盐爪爪（*Kalidium caspicum*）、盐穗木、樟味藜（*Camphorosma monspeliaca*）、驼绒藜、芨芨草等。

盐碱荒漠气候干燥、降水极少、蒸发强烈、物理风化强烈，是荒漠中土壤最贫瘠的地区。该区动物受农田垦荒、绿洲边缘效应叠加，一些伴随人类活动的动物逐渐扩张。本类群动物以鸟类最为活跃，哺乳类、两栖爬行类具有特殊的生理生态适应能力。代表动物有塔里木兔、大耳猬、斑翅山鹑（*Perdix dauurica*）、石鸻、黄喉蜂虎、黑胸麻雀（*P. hispaniolensis*）、褐头鹀（*Emberiza bruniceps*）、隐耳漠虎（*Alsophylax pipiens*）、花条蛇、卡弄蝶（*Carcharodus alceae*）等。

二、常见物种

毛柄钉灰包
Battaraea stevenii (Libosch.) Fr.

属	钉灰包属　Battaraea Pers.
科	灰锤科　Tulostomataceae

包被与帽状柄顶相连接，成熟时即由此开裂，孢体散失后露出隆起近白色、宽4.5 cm的基部。柄长20 cm，粗2 cm，淡黄色，有多数粗糙的覆瓦状鳞片。孢子近球形，锈色，厚壁，5~7 μm，外壁有凹痕。

多生于秋季轻度碱滩草地。在我国分布于新疆、内蒙古。

晒干子实体的包被部分能消肿、止血、解毒、消肺、利喉。

灰黄枝衣

Teloschistes lacunosus (Rupr) Sav

属	黄枝衣属	Teloschistes Norman
科	黄枝衣科	Teloschistaceae

地衣体游离生长，不固着于基物中，地衣体裂片为近扁压枝状形的近叶片状，长3.5~5.3 cm，非规律状背腹性，裂片一般生长出不同长度以及不同厚度的掌状分裂的裂片。阔达1.2 cm，无光泽，脏灰褐色至淡咖啡色，坚硬，比较脆，裂片表面比较粗糙，在裂片顶端有细乳头状毛，具有明显的假网状脉纹，沿裂片边缘上皮层向下内弯曲，而使裂片中部形成沟状结构。子囊盘极罕见。分生孢子器埋生，外观为黄色突起点状。

生长于海拔390~3700 m的盐渍性沙土或岩面浮土。

在我国分布于新疆，哈萨克斯坦等地也有分布。

白滨藜
Atriplex cana C. A. Mey.

（属）滨藜属　Atriplex L.

（科）藜科　Chenopodiaceae

亚灌木；高达50 cm；木质茎多分枝，灰褐色，具条状裂隙当年生枝高达30 cm，淡黄褐色，有微条棱，被厚粉层，上部有分枝；叶互生，倒披针形或线形，长1~3 cm，宽2~7 mm，全缘，两面均被厚粉层，灰白色，先端钝，基部渐窄，具短柄，脉不显；雌雄花混合成簇，在当年生枝上部集成有间断的穗状圆锥状花序；胞果扁，圆形，果皮膜质，淡黄色，与种子伏贴；种子直立，径1.5~2.25 mm，红褐色，稍有纹；花期7—8月，果期9月；

生长于干旱山坡、半荒漠、湖滨。在我国分布于新疆，俄罗斯、哈萨克斯坦也有分布。

部分区域可形成以白滨藜为建群种的群系。其适口性好，牲畜喜食，属良等牧草。

樟味藜
Camphorosma monspeliaca L.

属 樟味藜属 Camphorosma L.

科 藜科 Chenopodiaceae

亚灌木，高10~50 cm。植株具芳香气味，铺散或向上升长，具营养枝和花枝；叶互生，砧形，长3~10 mm，密被柔毛呈灰绿色；花单生叶腋，在枝顶形成短而密的穗状花序；花被上部具4个不等的长齿；胞果椭圆形，果皮膜质，不与种皮连合。种子直立，黑褐色。花果期7—9月。

生长于海拔440~1450 m的荒漠平原到中山带的盐碱地、砾石戈壁、河湖沿岸、丘间低地、碎石山坡。

该种是轻度盐土荒漠植物群落的建群种或优势种。其适口性好，营养丰富，为优良牧草。

在我国分布于新疆，俄罗斯、伊朗、蒙古国及中亚也有分布。

盐千屈菜

Halopeplis pygmaea (Pall.) Bge. ex Ung.-Sternb.

属	盐千屈菜属 Halopeplis Bge.ex Ung.-Sternb
科	藜科 Chenopodiaceae

一年生或多年生草本，高达25 cm，多分枝，枝互生，小枝肉质，无关节。叶互生，有时茎基部的叶对生，卵形或近球形。花两性，每3朵花生于1苞片内，形成稠密的穗状花序；苞片鳞片状，螺旋状排列；花被合生，顶端有3个小齿，两侧扁；雄蕊1~2，花丝极短；子房卵形，柱头2。胞果。种子卵形或圆形，种皮近革质，平滑或有乳头状小突起；胚半环形，有环乳。花果期7—9月。

生长于平原荒漠区湖边潮湿盐土，中国仅产于新疆罗布泊，中亚、俄罗斯也有零星分布。

该种分布区域狭窄，数量不多，曾经一度消失几十年，后由"西北本土植物全覆盖项目"调查组在标本模式地附近再度发现，为后续该种植物的科学研究提供了帮助。

盐爪爪

Kalidium foliatum (Pall.) Moq.

属	盐爪爪属 Kalidium Moq.
科	藜科 Chenopodiaceae

小半灌木，高20~50 cm。茎直立或平卧，多分枝。叶互生，圆柱形，长4~10 mm，宽2~3 mm，顶端钝，基部下延，半抱茎；花序穗状，顶生，无柄，长8~15 mm，直径3~4 mm，每3朵花生于1鳞状苞片内；花被合生，上部扁平呈盾状，盾片宽五角形，周围有狭窄的翅状边缘；胞果圆形；种子直立，近圆形，直径约1 mm，两侧压扁，密生乳头状小突起。花果期7—9月。

生长于洪积扇扇缘地带及盐湖边的潮湿盐土、盐碱地、盐化沙地、砾石荒漠的低湿处和胡杨林。在我国分布于新疆、内蒙古、宁夏、甘肃、青海、河北、黑龙江、蒙古国、俄罗斯及中亚、欧洲也有分布。

盐爪爪是中重度盐碱地的主要建群植物，为肉质多汁含盐饲草，是牲畜及野生食草动物的重要盐分补充源之一，为盐碱地改良的优良树种。

尖叶盐爪爪

Kalidium cuspidatum (Ung.-Sternb.) Grub.

属 盐爪爪属 **Kalidium** Moq.

科 藜科 Chenopodiaceae

小半灌木，高10~40 cm。自基部分枝，枝较密，直立或斜伸，灰褐色或黄灰色，小枝黄绿色。叶卵圆形，肉质，顶端急尖，稍内弯，基部下延，半抱茎。穗状花序生于枝条上部；每1苞片内有3朵花，排列紧密；花被合生，上部扁平呈盾状，盾片呈长五角形，有狭窄的翅状边缘。种子近圆形，淡红褐色，有乳头状小突起。花期7—9月，果期9月。

生长于荒漠和草原的盐碱洼地和滩地、盐湖边以及山坡，海拔1300~3000 m。为盐土荒漠的优势种，也常形成单一的群落。在我国分布于新疆、甘肃、内蒙古、青海、宁夏，中亚、蒙古国也有分布。

圆叶盐爪爪

Kalidium schrenkianum Bge.

属	盐爪爪属 **Kalidium** Moq.
科	藜科 Chenopodiaceae

矮小半灌木，高5~25 cm。茎自基部分枝，枝条较密，倾斜，老枝灰褐色或黄灰色，小枝色淡，易折断。叶片不发达，瘤状，肉质，顶端钝圆，基部下延，半抱茎，小枝上的叶片基部狭窄，呈倒圆锥状。花序穗状，顶生，圆柱形，卵形或近于球形；每1鳞状苞片内生3朵花；花被合生，顶端有4小齿，上部扁平呈盾状，盾片宽五角形，周围有窄翅状边缘。种子卵形，直立。花果期7—9月。

生长于山前倾斜平原上部、山间谷地、干旱山地及洪积扇砾石荒漠和沙砾石荒漠，海拔1500~2400 m。在我国分布于新疆、甘肃，欧洲、中亚、伊朗也有分布。

里海盐爪爪
Kalidium caspicum (L.) Ung.-Sternb.

属 盐爪爪属 **Kalidium** Moq.

科 藜科 Chenopodiaceae

株高15~40（60）cm的小半灌木。茎通常自中部分枝，枝互生，灰褐色或黄灰色，小枝灰白色或淡黄色。叶不发育，肉质，瘤状，顶端钝，基部下延，半抱茎，小枝上的叶呈鞘状，包茎，排列紧密，上下二叶彼此相接。圆穗状花序顶生；花被合生，上部扁平呈盾状，五角形盾片有窄翅状边缘。种子卵形或圆形，红褐色，有乳头状小突起。花期7—9月，果期9月。

生长于荒漠平原、山前地带和低山的盐湖、低洼盐碱地。在我国分布于新疆、青海、甘肃，欧洲、中亚、伊朗、蒙古国也有分布。

盐节木
Halocnemum strobilaceum (Pall.) Bieb.

属 盐节木属 **Halocnemum** Bieb.

科 藜科 Chenopodiaceae

植株通常黄绿色，高20~50 cm。茎自基部分枝，枝多，一年生小枝对生，圆柱状，近直立，肉质，有关节，黄绿色或灰绿色，老枝木质，近互生，平卧或向上升长，灰褐色，枝上有对生的短缩成芽状的短枝。叶不发育，极小的鳞片状，对生，连合。穗状花序生于枝条上部。花期8—10月，果期10月。

耐盐碱，生于洪积扇扇缘低地、冲积平原、盐湖边等地的低洼潮湿盐土、强盐渍化结壳盐土及沙质盐土、盐渍地，海拔540~1700 m。常形成单优群落，是多汁木本盐柴类荒漠的重要组成植物。在我国分布于新疆和甘肃，欧洲、非洲、亚洲西部和北部也有分布。

盐穗木

Halostachys caspica C. A. Mey. ex Schrenk

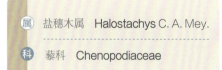

属	盐穗木属 Halostachys C. A. Mey.
科	藜科 Chenopodiaceae

灌木，高50~200 cm。茎直立，多分枝，一年生小枝蓝绿色，肉质多汁，圆柱状，有关节，密生小突起。叶鳞片状，对生，顶端尖，基部连合，老枝上通常无叶。花序穗状，圆柱形，具有关节的花序柄。胞果卵形，果皮膜质；种子卵形或矩圆状卵形，红褐色。花期7—9月，果期9月。

生长于冲积洪积扇扇缘地带、河流冲积平原及盐湖边的强盐渍化土、结皮盐土、龟裂盐土，海拔480~1500 m。常形成单优群落，是多汁木本盐柴类荒漠的重要组成植物。

在我国分布于新疆及甘肃，阿富汗、俄罗斯、哈萨克斯坦、蒙古国、伊朗也有分布。

可做杀虫剂，广泛用于荒漠化防治、盐碱地改良以及盐碱沙漠公路的防护。

对叶盐蓬
Girgensohnia oppositiflora (Pall.) Fenzl

属　对叶盐蓬属　Girgensohnia Bge.

科　藜科　Chenopodiaceae

　　一年生草本，高15~40 cm，直立。枝对生，绿色或红色，有短粗硬毛；有棱。叶对生，卵状三角形，先端砧状并具尖刺，有短糙硬毛；花单生叶腋，苞片舟状，稍短于花被，先端锐尖；花被片矩圆状披针形，膜质，果期外轮的3片背部具翅，近轴的1翅直立，远轴的2翅通常下弯；花药先端具细尖状附属物。胞果背腹扁，卵形，果皮膜质，黄褐色。种子直立，种皮膜质，胚平面螺旋状。花果期7—10月。

　　盐生旱生植物，生长于砾质戈壁、盐碱地，海拔700~900 m。在我国分布于新疆，中亚、伊朗也有分布。

盐角草

Salicornia europaea L.

属	盐角草属	Salicornia L.
科	藜科	Chenopodiaceae

一年生草本；茎直立，高达35 cm，多分枝，枝肉质，绿色；叶鳞片状，长约1.5 mm，先端锐尖，基部连成鞘状，具膜质边缘；花序穗状，长1~5 cm，具短梗；每3朵花生于苞腋，中间1朵花较大，位于上方，两侧2朵花较小，位于下方；花被肉质，倒圆锥状，顶面平呈菱形；雄蕊伸出花被外，花药长圆形；子房卵形，具2个砧状柱头；果皮膜质；种子长圆状卵形，径约1.5 mm，种皮革质，被钩状刺毛；果期6—9月。

生长于盐碱地、盐湖旁及海边。在我国分布于新疆、内蒙古、甘肃、宁夏、青海、辽宁、河北、山西、陕西、山东和江苏，朝鲜、日本、俄罗斯、印度、欧洲、非洲和北美洲也有分布。

盐角草常形成单优层片，深秋通红一片，形成一道荒漠上亮丽的景观。干草含粗蛋白、粗脂肪、粗纤维，种子含油，可代替鱼粉养鱼；盐角草提取物可作为美容产品的主要成分，盐角草还可以作为防火材料，制成防火板。

小叶碱蓬
Suaeda microphylla (C. A. Mey.) Pall.

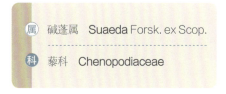

| 属 | 碱蓬属 | Suaeda Forsk. ex Scop. |
| 科 | 藜科 | Chenopodiaceae |

　　半灌木，高达1 m。茎直立，多分枝，枝条开展，茎及枝均灰褐色，有或疏或密的短柔毛及薄蜡粉。叶圆柱状，下部的长达1 cm，宽约1 mm，上部的较短，通常长不超过3 mm，灰绿色，稍弧曲，先端具短尖头，基部骤缩。团伞花序含花3~5朵，着生于叶柄上；花两性兼有雌性，花被肉质，灰绿色，5裂至中部，花被片矩圆形，先端兜状，背面隆起，果期稍增大。花果期6—9月。

　　生长于平原地区的盐生荒漠、湖边、河谷阶地、撂荒地、固定沙丘及砾质荒漠，海拔500~700 m。在我国分布于新疆，欧洲、土耳其、中亚、伊朗、阿富汗也有分布。

碱蓬
Suaeda glauca (Bge.) Bge.

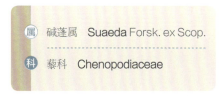

| 属 | 碱蓬属 | Suaeda Forsk. ex Scop. |
| 科 | 藜科 | Chenopodiaceae |

　　一年生草本；高达1 m；茎上部多分枝，分枝细长；叶丝状条形，半圆柱状，稍向上弯曲，长1.5~5 cm，宽约1.5 mm，灰绿色，无毛，先端微尖，基部稍缢缩；花被5裂；两性花花被杯状，长1~1.5 mm，雄蕊5，花药长约0.8 mm，柱头2，稍外弯；雌花花被近球形，径约0.7 mm，花被片卵状三角形，先端钝，果期增厚，花被稍呈五角星形，干后黑色；胞果包于花被内，果皮膜质；种子横生或斜生，双凸镜形，黑色，径约2 mm，具颗粒状纹饰，稍有光泽，具很少的外胚乳；花果期7—9月。

　　生长于盐碱地、湿沙地、海滨，是低湿地盐生植物群落的主要建群植。在我国分布于新疆、内蒙古、陕西、宁夏、甘肃、青海、黑龙江、河北、山东、江苏、浙江、河南、山西，朝鲜、日本、蒙古国、俄罗斯也有分布。

囊果碱蓬
Suaeda physophora Pall.

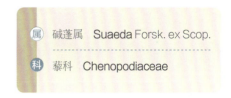

（属）	碱蓬属	Suaeda Forsk. ex Scop.
（科）	藜科	Chenopodiaceae

半灌木，高30~80 cm。木质茎灰褐色，有细条裂纹，多分枝；当年枝灰白色，平滑，直立或斜伸。叶条形，半圆柱状，通常稍弧曲。顶生圆锥状花序；花两性，单生呈2~3朵团集，生于苞腋及花序短分枝的顶端；花被近球形，花被片内弯，不具隆脊；果期花被膨胀呈稍带红色的囊状。种子横生，扁平，圆形，较大，无光泽。花果期7—9月。

生长于海拔500~700 m的洪积扇扇缘盐碱化黏土荒漠和盐化荒地。在我国分布于新疆、甘肃，欧洲、俄罗斯、中亚也有分布。

角果碱蓬
Suaeda corniculata (C. A. Mey.) Bge.

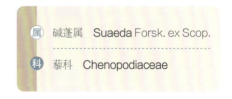

（属）	碱蓬属	Suaeda Forsk. ex Scop.
（科）	藜科	Chenopodiaceae

一年生草本，高达60 cm；茎圆柱形，具微条棱；分枝细瘦；叶条形，半圆柱状，长1~2 cm，宽0.5~1 mm，茎直，先端微钝或尖，基部稍缢缩，无柄；花被顶基稍扁，5深裂，裂片不等大，先端钝，背面果期向外延伸增厚成不等大的角状体，花药细小，近圆形，长约0.15 mm；花丝稍外伸；柱头2，花柱不明显；果皮与种子易脱离；种子横生或斜生，双凸镜形，径1~1.5 mm，黑色，有光泽，具蜂窝状纹饰，周边微钝。花果期8—9月。

生长于盐碱土荒漠、湖边、河滩。在我国分布于新疆、黑龙江、吉林、辽宁、内蒙古、河北、宁夏、甘肃、青海，中亚及俄罗斯也有分布。

盐生草

Halogeton glomeratus (Bieb.) C. A. Mey.

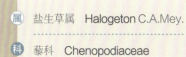

属 盐生草属 Halogeton C.A.Mey.

科 藜科 Chenopodiaceae

茎直立，多分枝或稍分枝，高达30 cm；枝常短于茎，外倾或斜上，无毛，灰绿色；叶圆柱形，长0.4~1.2 cm，径1.5~2 mm，先端尖或钝，幼时具1长刺毛；花常4~6朵团集，遍生叶腋；花被片披针形，膜质，1脉，果期背面翅状附属物半圆形，近等大，脉纹明显，幼时内轮花被片的翅不发育；雄蕊2；种子直立，近圆形；花果期7—9月。

生长于荒漠轻度黏土或砾质戈壁滩、盐碱地、碎石坡地。在我国分布于新疆、甘肃、青海、西藏，蒙古国、中亚也有分布。

盐生草是平原区砾石戈壁环境中几种重要的牧草之一，具有较高的饲用价值。

白茎盐生草
Halogeton arachnoideus Moq.

属　盐生草属　Halogeton C.A.Mey.

科　藜科　Chenopodiaceae

　　一年生草本；高10~40 cm；茎直立，自基部分枝；枝互生，灰白色，幼时生蛛丝状毛，以后毛脱落；叶片圆柱形，长3~10 mm，宽1.5~2 mm，顶端钝，有时有小短尖；花通常2~3朵，簇生叶腋；小苞片卵形，边缘膜质；花被片宽披针形，膜质，背面有1条粗壮的脉，果期自背面的近顶部生翅；翅5，半圆形，大小近相等，膜质透明，有多数明显的脉；雄蕊5；花丝狭条形；花药矩圆形，顶端无附属物；子房卵形；柱头2，丝状；果实为胞果，果皮膜质；种子横生，圆形，直径1~1.5 mm。花果期7—9月。

　　生长于草原和荒漠的干旱山坡、间歇性河床、沙地边缘、平原盐碱地、砾石戈壁滩。在我国分布于新疆、内蒙古、宁夏、甘肃、青海、山西、陕西，俄罗斯、哈萨克斯坦、蒙古国也有分布。

浆果猪毛菜
Salsola foliosa (L.) Schrad.

属　猪毛菜属　Salsola L.

科　藜科　Chenopodiaceae

　　一年生草本；高20~40 cm；茎直立，自基部分枝，枝条近肉质，光滑无毛，灰绿色，干后变为黑褐色；叶片棒状，长1~2 cm，宽1.5~2.5 mm，顶端钝圆而稍膨大，通常内弯，肉质，无毛，灰绿色，干后为黑褐色；花簇生，呈团伞状，每1花簇有花3~5朵，遍布于全植株；小苞片宽卵形，顶端钝，边缘膜质；花被片倒卵形，近膜质，顶端钝，背面有1条隆起的脉，果期自背面中上部生翅；翅膜质，半圆形，大小近相等，全缘，黄褐色，有多数细而密集的脉，花被果期（包括翅）直径5~7 mm；花被片在翅以上部分，宽三角形，膜质，稍弯曲，不包覆果实；花药附属物极小，不明显；柱头及花柱均极短小；果实为浆果状，多汁，球形；种子横生。花期8—9月，果期9—10月。

　　生长于半荒漠地区含盐质土壤。在我国分布于新疆，俄罗斯、中亚及蒙古国也有分布。

粗枝猪毛菜
Salsola subcrassa M. Pop.

<table>
<tr><td>属</td><td>猪毛菜属 Salsola L.</td></tr>
<tr><td>科</td><td>藜科 Chenopodiaceae</td></tr>
</table>

一年生草本；高15~40 cm；茎自基部分枝；下部的枝延伸，粗壮，茎、枝下部生长疏柔毛，后脱落，上部生短柔毛或近于无毛；叶片半圆柱形，长1~2 cm，宽1.5~2.5 mm，基部下延，无毛，下部的叶有时有长疏柔毛；花序穗状，花单生；苞片比小苞片长；小苞片边缘膜质，短于花被；花被片披针形，膜质，无毛，果期自背面中部生翅；翅淡紫红色，有多数细弱而密集的脉，花被果期（包括翅）直径10~15 mm；花被片在翅以上部分，上部膜质并向外反折呈星状；花药顶端有泡状附属物；附属物圆卵形，白色，有短柄，比花药短；柱头砧状丝形，长为花柱的3~4倍；花期8—9月，果期9—10月。

生长于戈壁盐碱荒漠、盐湖边。在我国分布于新疆，俄罗斯、中亚也有分布。

叉毛蓬
Petrosimonia sibirica (Pall.) Bge.

属	叉毛蓬属	Petrosimonia Bge.
科	藜科	Chenopodiaceae

　　茎高达40 cm，密被柔毛；分枝对生，斜生；叶对生，条形，半圆柱状，长1~3.5 cm，宽1~1.5 mm，常稍呈镰状，上面平或微凹，先端渐尖，基部稍宽，宽处果期常变成壳质；小苞片具膜质边缘，先端砧状外弯；花被片5，透明膜质，外轮3片椭圆状卵形，内轮2片披针形，先端长渐尖，与小苞片等长或稍短，背面近先端有毛，果期近革质；雄蕊5，花丝较花被长约1倍；花药紫红色或橘红色，长约2.5 mm，先端冠状附属物具2齿；柱头与花柱近等长；胞果宽卵形，淡黄色，果皮上半部稍肥厚；种子近圆形，径约1.5 mm。果期7—9月。

　　生长于戈壁、盐碱土荒漠、干旱山坡。在我国分布于新疆，中亚也有分布。

　　秋季霜打后绵羊、山羊及骆驼喜食。刈割后粉碎是猪的好饲料。粗蛋白质含量与禾草相近，是荒漠草场中较好的牧草之一。

钝叶石头花

Gypsophila perfoliata L.

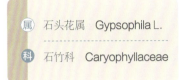

（属）石头花属 Gypsophila L.

（科）石竹科 Caryophyllaceae

多年生草本；高达70 cm；茎下部被腺柔毛；叶倒卵状长圆形或卵状长圆形，长3~7 cm，基部稍抱茎，被腺毛，基脉3~5；聚伞圆锥花序疏展；花梗纤细，长0.4~1.5 cm，无毛；苞片三角形，无毛；花萼宽钟形，长2~4 mm，具绿色脉纹，萼齿裂达中部，卵形；花瓣红色、粉红色或白色，长圆形，长约5 mm，先端钝圆或微凹；雄蕊稍短于花瓣；花柱伸出；蒴果球形，长于宿萼；种子肾形，长约1 mm，具细平小疣；花期7—8月，果期8—9月。

生长于河旁湿地、盐碱地、草原沙地及戈壁滩，海拔500~1000 m。在我国分布于新疆，俄罗斯、罗马尼亚、保加利亚、土耳其、伊朗、哈萨克斯坦、蒙古国也有分布。

花色艳丽、繁多，可做插花观赏植物。

苦马豆
Sphaerophysa salsula (Pall.) DC.

| 属 | 苦马豆属 Sphaerophysa DC. |
| 科 | 豆科 Fabaceae |

半灌木或多年生草本；高达60 cm，被或疏或密的白色"丁"字毛；羽状复叶有11~21片小叶；小叶倒卵形或倒卵状长圆形，长0.5~1.5（2.5）cm，先端圆或微凹，基部圆形或宽楔形，上面几无毛，下面被白色"丁"字毛；总状花序长于叶，有6~16朵花；花萼钟状，萼齿三角形，被白色柔毛；花冠初时鲜红色，后变紫红色，旗瓣瓣片近圆形，反折，长1.2~1.3 cm，基部具短瓣柄，翼瓣长约1.2 cm，基部具微弯的短柄，龙骨瓣与翼瓣近等长；子房密被白色柔毛，花柱弯曲，内侧疏被纵裂髯毛；荚果椭圆形或卵圆形，长1.7~3.5 cm，膜质，膨胀，疏被白色柔毛；花果期6—9月。

生长于盐碱低湿地、渠沟边、荒地、田边，习见于盐化、钙质性灰钙土，海拔960~3180 m。在我国分布于吉林、辽宁、内蒙古、河北、山西、陕西、宁夏、甘肃、青海、新疆，俄罗斯、中亚、蒙古国也有分布。

果实和枝叶可做药用。

铃铛刺

Halimodendron halodendron (Pall.) Voss.

属	铃铛刺属 Halimodendron Filch. ex DC.
科	豆科 Fabaceae

灌木，高0.5~2 m。树皮暗灰褐色；分枝密，具短枝；长枝褐色至灰黄色，有棱，无毛；当年生小枝密被白色短柔毛。叶轴宿存，呈针刺状；小叶倒披针形，初时两面密被银白色绢毛，后渐无毛；小叶柄极短。总状花序；花冠淡紫色（近粉色）。荚果背腹稍扁，两侧缝线稍下凹，无纵膈膜，先端有喙，基部偏斜，裂瓣通常扭曲；种子小，微呈肾形。花期7月，果期8月。

生长于荒漠盐化沙土和河流沿岸的盐质土，海拔200~1200 m。

在我国分布于新疆、内蒙古、甘肃，俄罗斯、中亚、蒙古国也有分布。

铃铛刺可做改良盐碱土和固沙植物，并可栽培做绿篱。也可用于庭园绿化供观赏。铃铛刺系含高蛋白质放牧用豆科植物，是荒漠中骆驼和羊喜食的牧草。铃铛刺也是一种良好的蜜源物。

甘草
Glycyrrhiza uralensis Fisth.

| 属 | 甘草属 | Glycyrrhiza L. |
| 科 | 豆科 | Fabaceae |

　　多年生草本；根与根状茎粗壮，外皮褐色，里面淡黄色，含甘草甜素；羽状复叶长5~20 cm，叶柄密被褐色腺点和短柔毛；小叶5~17，卵形、长卵形或近圆形，长1.5~5 cm，两面均密被黄褐色腺点和短柔毛，基部圆，先端钝，全缘或微呈波状；总状花序腋生；花序梗密被鳞片状腺点和短柔毛；花萼钟状，长0.7~1.4 cm，密被黄色腺点和短柔毛，基部一侧膨大，萼齿5，上方2枚大部分连合；花冠紫色、白色或黄色，长1~2.4 cm；子房密被刺毛状腺体；荚果线形，弯曲呈镰刀状或环状，外面有瘤状突起和刺毛状腺体，密集呈球状；种子3~11，圆形或肾形。花期6—8月，果期7—10月。

　　生长于干旱沙地、河岸沙质地、山坡草地及盐渍化土壤。在我国分布于新疆、内蒙古、宁夏、甘肃、山西，蒙古国及俄罗斯也有分布。

　　甘草是一种补益中草药。

白刺
Nitraria tangutorum Bobr.

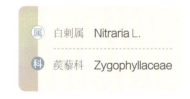

| 属 | 白刺属 | Nitraria L. |
| 科 | 蒺藜科 | Zygophyllaceae |

　　高达1.5 m；多分枝，枝弯曲，先端针刺状，幼枝白色，幼枝之叶2~3片簇生，宽倒披针形，长椭圆状匙形，长1.8~3 cm，宽6~8 mm，先端圆钝，稀尖，基部楔形，无毛，全缘，稀先端2~3齿裂；花较密，白色，花瓣及子房无毛；核果卵形，有时椭圆形，长0.8~1.2 cm，径6~9 mm，熟时深红色，果汁玫瑰色；果核窄卵形，长5~6 mm，径3~4 mm，先端短渐尖。花期5—6月，果期7—8月。

　　生长于荒漠和半荒漠的湖盆沙地、河流阶地、山前平原积沙地、有风积沙的黏土地。在我国分布于陕西、内蒙古、宁夏、甘肃、青海、新疆及西藏，中亚也有分布。

　　白刺为国家二级保护植物锁阳（*Cynomorium songaricum*）的主要寄主植物之一。

小果白刺

Nitraria Sibirica Pall.

属	白刺属 Nitraria L.
科	蒺藜科 Zygophyllaceae

灌木，30~80 cm多分枝，铺散地面，弯曲，有时直立，被沙埋压形成小沙丘，枝上生不定根；小枝灰白色，先端针刺状。叶无柄，在嫩枝上3~6片簇生，倒披针形，长6~15 mm，宽2~5 mm，先端锐尖或钝，基部窄楔形，无毛或嫩时被柔毛。聚伞花序生于嫩枝顶部，长1~3 cm，被疏柔毛；萼片5，绿色；花瓣白色，矩圆形，长2~3 mm。果实近球形或椭圆形，两端钝圆，径长6~8 mm，熟时暗红色，果汁暗蓝紫色。果核卵形，先端尖，长4~5 mm。花期5—6月，果期7—8月。

生长于盐渍化低地和沙地、湖盆边缘、干河床。在我国分布于沙漠地区、华北、东北沿海沙区，蒙古国、中亚也有分布。

沙埋能生不定根，积沙形成小沙包，对湖盆和绿洲边缘沙地有良好的固沙作用。果入药健脾胃、助消化。枝、叶、果可做饲料。

小果白刺同白刺一样，均为国家二级保护植物锁阳的主要寄主植物。

骆驼蹄瓣
Zygophyllum fabago L.

多年生草本；高20~80 cm；茎多分枝，开展或铺散；托叶革质，卵形或椭圆形，长0.4~1 cm，叶柄短于小叶；小叶1对，倒卵形或长圆状倒卵形，长1.5~3.3 cm，宽0.6~2 cm，先端圆；花梗长0.4~1 cm；萼片卵形或椭圆形，长6~8 mm，边缘白色膜质；花瓣倒卵形，与萼片近等长，先端近白色，下部橘红色；雄蕊长1.1~1.2 cm，鳞片长圆形，长为雄蕊之半；蒴果长圆形或圆柱形，长2~3.5 cm，径4~5 mm，具5棱，下垂；种子多数，长约3 mm，径2 mm，具斑点。花期5—6月，果期6—9月。

生长于冲积平原、绿洲、荒地、戈壁滩、盐土荒漠和湿润沙地及河谷，海拔90~2300 m。在我国分布于新疆、内蒙古、甘肃、青海，欧洲、中亚、伊朗、伊拉克、叙利亚、非洲也有分布。

| 属 | 驼蹄瓣属 | Zygophyllum L. |
| 科 | 蒺藜科 | Zygophyllaceae |

瓣鳞花
Frankenia pulverulenta L.

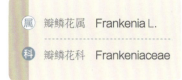

| 属 | 瓣鳞花属 | Frankenia L. |
| 科 | 瓣鳞花科 | Frankeniaceae |

一年生草本；高6~16 cm，平卧；茎基部多分枝，略被紧贴白色微柔毛；叶小，通常4叶轮生，窄倒卵形或倒卵形，长2~7 mm，宽1~2.5 mm，全缘，上面无毛，下面微被粉状短柔毛；叶柄长1~2 mm；花小，多单生，数朵生于叶腋或小枝顶端；萼筒长2~2.5 mm，具5纵棱脊，萼齿5，砧形；花瓣5，粉红色，长圆状倒披针形或长圆状倒卵形，顶端微具牙齿，具爪和舌状鳞片附属物；雄蕊6，花丝基部稍合生；子房1室，胚珠多数，侧膜胎座；蒴果卵形，长约2 mm，裂为3瓣；种子下部急尖，淡棕色。

生长于荒漠地带河流泛滥地、湖盆等低湿盐碱化土壤。在我国分布于新疆、甘肃和内蒙古，国外分布于非洲及阿富汗、巴基斯坦和印度。

瓣鳞花在中国新疆、甘肃和内蒙古干旱气候区内是独特的"古地中海"区系成分的典型代表之一，对研究中国干旱区植物区系的起源、迁移和植物地理分区，均有一定的科学意义。

- 《中国生物多样性红色名录》：濒危（EN）
- 《国家重点保护野生植物名录》：Ⅱ级

准噶尔大戟
Euphorbia soongarica Boiss.

属	大戟属	Euphorbia L.
科	大戟科	Euphorbiaceae

多年生草本；高50~120 cm；全株无毛，具乳汁；茎多丛生，中上部多分枝；叶互生，倒披针形或窄长圆形，长3~11 cm，先端渐尖或尖，基部楔形，具细齿；叶柄近无；花序单生分枝顶端；总苞钟状，先端5裂，裂片半圆形或卵圆形，边缘和内侧具缘毛，腺体5，半圆形，淡褐色；雄花多数，伸出总苞；雌花1，子房伸出总苞，花柱近基部合生；蒴果近球形，径4~5 mm，光滑或具不明显稀疏微疣点；花柱宿存；种子卵球形，长2.5~3 mm，黄褐色，腹面具条纹；种阜无柄。花期6—7月，果期7—8月。

生长于荒漠河谷、盐化草甸、低山山坡及田边路旁。在我国分布于新疆和甘肃，中亚和蒙古国也有分布。

长穗柽柳
Tamarix elongata Ledeb.

属	柽柳属	Tamarix L.
科	柽柳科	Tamaricaceae

大灌木，高1~3（5）m。生长枝上的叶较大，披针形或线形，渐尖或急尖，向内倾，基部宽心形，1/3抱茎，具耳，营养小枝的叶披针形，半抱茎，微下延具耳。总状花序侧生在去年枝上；苞片线状披针形，明显长于花萼；花4数，密生；花瓣淡红色或淡玫瑰色，充分张开，花后脱落。蒴果卵状披针形。4—5月开花。秋季二次开花，花为5数。

喜光不耐阴，耐干又耐水湿，抗风能力强，耐盐碱土。生长于荒漠区盐渍化湿地及盐化沙地、固定沙丘。在我国分布于新疆、内蒙古、甘肃、青海，中亚、蒙古国也有分布。

本种为荒漠地区盐渍化沙地良好的固沙、造林树种。嫩枝为羊、骆驼和驴的饲料；枝干是优良的薪炭林；枝叶入药。

短穗柽柳
Tamarix laxa Willd.

（属）	柽柳属	Tamarix L.
（科）	柽柳科	Tamaricaceae

　　灌木，高1.5（~3）m，树皮灰色，小枝短而直伸；叶披针形至卵状长圆形，先端具短尖头，基部变狭而略下延。总状花序侧生在去年生的老枝上，早春绽发；苞片长不超过花梗的一半，长椭圆形，先端钝，边缘膜质，常向内弯；花梗长约2 mm；花4数；萼片4，卵形，果期外弯，边缘宽膜质；花瓣4，粉红色，稀淡粉白色，略呈长圆状椭圆形至长圆状倒卵形，长约2 mm，充分开展，花后脱落；花盘4裂，肉质，暗红色；雄蕊4，花药红紫色，有小头或突尖。柱头3裂或4裂；蒴果狭，4~6 mm。花期4—5月。

　　生长于荒漠河流阶地、湖盆和沙丘边缘，土壤强盐渍化或为盐土。在我国分布于新疆、青海、甘肃、宁夏、陕西、内蒙古，欧洲、中亚、蒙古国、伊朗、阿富汗也有分布。

　　本种适应能力强、耐旱、耐水湿、耐盐碱，是优良的盐碱地和沙荒地防护林造林树种。

刚毛柽柳
Tamarix hispida Willd.

（属）	柽柳属	Tamarix L.
（科）	柽柳科	Tamaricaceae

　　灌木或小乔木，高1.5~4（6）m。老枝树皮红棕色或赭灰色，全体密枝单细胞短直毛。老枝的叶卵状披针形或狭披针形，渐尖，耳发达，抱茎达一半，叶苍绿色，嫩枝上的叶心状卵形，常具耳，半抱茎，渐尖，具短尖头，内弯。总状花序顶生，密集成大型圆锥花序；花5数，鲜紫红色，花开时向外反折，花后脱落。蒴果狭长锥形瓶状，红棕色。花期7—9月。

　　生长于荒漠区河岸边盐渍化低湿地、河滩及固定沙地。在我国分布于新疆、青海、甘肃、宁夏和内蒙古，中亚、伊朗、阿富汗和蒙古国也有分布。

　　本种秋季开花，极美丽，适于荒漠地区低湿盐碱沙化地固沙、改良土壤，是造林绿化的优良树种。

细穗柽柳

Tamarix leptostachys Bge.

灌木；高达2~5 m；老枝淡棕色或灰紫色；营养枝之叶窄卵形或卵状披针形，长1~4（6）mm；总状花序细，长4~12 cm，生于当年生枝顶端，集成顶生紧密圆锥花序呈烟花状；苞片砧形，长1~1.5 mm；花5数；萼片卵形，长0.5~0.6 mm；花瓣倒卵形，长约1.5 mm，上部外弯，淡紫红色或粉红色，早落；花盘5裂，稀再2裂成10裂片；雄蕊5，花丝细长，伸出花冠之外，花丝基部宽，着生于花盘裂片顶端，稀花盘裂片再2裂，雄蕊则着生于花盘裂片间；花柱3；蒴果窄圆锥形，长4~5 mm。花果期6—7月。

主要生长在荒漠地区盆地下游的潮湿和松陷盐土，丘间低地，河湖沿岸，河漫滩和灌溉绿洲的盐土。在我国分布于新疆、青海、甘肃、宁夏、内蒙古，俄罗斯和蒙古国也有分布。

该种为花序中的花朵集中而繁多，花色艳丽，观赏价值极高，是荒漠盐土绿化造林的优良树种。具有抗干旱、耐盐碱、耐风蚀沙埋的特点，被广泛用于荒漠化防治和盐碱地改良。

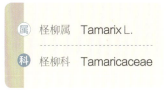

属	柽柳属　Tamarix L.
科	柽柳科　Tamaricaceae

多枝柽柳
Tamarix ramosissima Ledeb.

属	柽柳属　Tamarix L.
科	柽柳科　Tamaricaceae

灌木或小乔木，高3~4（7）m。老枝暗灰褐色，二年生枝淡红色。叶在二年生枝上呈条状披针形，基部变宽，半抱茎，略下延；绿色枝上叶宽卵形或三角形，半抱茎。总状花序春季组成复总状生在去年生枝上，圆锥花序夏秋季顶生于当年生枝端，花5数；花瓣宿存，淡红色、紫红色或粉白色蒴果三角状圆锥形。花期5—9月。

生长于荒漠区河漫滩、泛滥带、河湖岸、盐渍化沙土，常形成大片丛林。在我国分布于新疆、内蒙古、宁夏、甘肃、青海，欧洲、中亚、伊朗也有分布。

该种是中国荒漠地区广泛分布的植物之一，耐干旱、耐盐碱，适应性广，是干旱荒漠区优良的防风固沙、盐碱地绿化造林树种，而且还是良好的薪炭、编织用材。

锁阳
Cynomorium songaricum Rupr.

属	锁阳属　Cynomorium L.
科	锁阳科　Cynomoriaceae

一年生草本，肉质，无叶绿素，呈紫红色。根寄生在白刺属（*Nitraria* L.）植物根上。茎直立，圆柱形，高10~100 cm，径粗3~6 cm，大部分埋于土中。叶鳞片状，卵状三角形，先端尖，呈螺旋状排列，下部较密集，向上渐稀。穗状花序生于茎顶，矩圆状棍棒形，长5~20 cm，通常比上部茎稍粗，暗紫红色，生有多数小花，散生有鳞片状叶；雄花长3~6 mm，蜜腺近倒圆锥状，长2~3 mm，先端具钝齿，鲜黄色，半抱花丝，花丝粗，盛开时超出花被1倍，花药紫红色；雌花长约3 mm，花柱长约2 mm，子房下位，胚珠1，顶生，下垂；两性花较少，长4~5 mm，雄蕊1，着生于下位子房上方。花丝极短，小坚果卵状球形，长1~1.5 mm；种子近球形，种皮坚硬。花期5—6月，果期6—8月。

生长于有白刺属植物生长的沙丘、沙地或盐碱地，海拔550~3000 m。在我国分布于内蒙古、山西、宁夏、甘肃、青海、新疆，蒙古国、中亚、伊朗也有分布。

全草入药，能补肾润肠。

海乳草
Glaux maritima L.

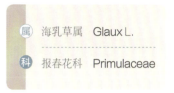

属	海乳草属	Glaux L.
科	报春花科	Primulaceae

　　茎高3~25 cm，全株无毛，稍肉质；直立或下部匍匐；叶对生或互生，近无柄；叶肉质，线形、线状长圆形或近匙形，长0.4~1.5 cm，先端钝或稍尖，基部楔形，全缘；花单生叶腋，具短梗；无花冠；花萼白色或粉红色，花冠状，长约4 mm，通常分裂达中部，裂片5，倒卵状长圆形，在花蕾中覆瓦状排列；雄蕊5，着生花萼基部，与萼片互生；花丝砧形或丝状，花药背着，卵心形，顶端钝；子房卵球形，花柱丝状，柱头呈小头状；蒴果卵状球形，长2.5~3 mm，顶端稍尖，略呈喙状，下半部为萼筒所包，上部5裂；种子少数，椭圆形，背面扁平，腹面隆起，褐色。花果期6—8月。

　　生长于盐化草甸、盐化沙地和低地、河滩地。此种为北半球温带广布种。

耳叶补血草
Limonium otolepis (Schrenk) Kuntze

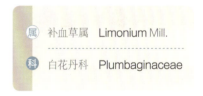

属	补血草属	Limonium Mill.
科	白花丹科	Plumbaginaceae

　　多年草本；高约120 cm；根茎暗红褐色，顶端成肥大茎基；叶基生，在花茎下部互生，基生叶花期凋落，叶柄细窄，叶倒卵状匙形，连叶柄长3~6（8）cm，宽1~2（3）cm，先端钝圆，下部渐窄，花茎叶无柄，宽卵形或肾形，抱茎，花期渐凋落，节具环状叶痕；萼倒圆锥形，长2.2~2.5 mm，萼檐白色；花冠淡紫色；花期6—7月，果期7—9月。

　　生长于荒漠平原地区沙质盐碱地、沙地和河流沿岸盐化土壤。在我国分布于新疆和甘肃，阿富汗、中亚、俄罗斯也有分布。

　　该种耐盐碱，是很好的改良盐土植物，耳叶补血草叶色深绿、叶大而光滑，花期长，可做鲜插花也宜做干花瓶插，保持数年，永不凋落。也可栽于花坛、花境或路旁，大面积栽于公路、铁路沿线美化环境。耳叶补血草根部可药用。

大叶补血草

Limonium gmelinii (Willd.) Kuntze.

属	补血草属	Limonium Mill.
科	白花丹科	Plumbaginaceae

多年生草本；高达50~100 cm；茎基单头或2~3头，密被残存叶柄基部；叶基生，花期不落，具叶柄；叶长圆状倒卵形、长椭圆形或卵形，连叶柄长（5）10~30（40）cm，宽3~8（10）cm，先端钝圆，下部渐窄；花茎单生，三至四回分枝，小枝细直；无不育枝，稀单个位于分枝处；花序伞房状或圆锥状，穗状花序具2~7个小穗，小穗具1~2（3）朵花；外苞长1~1.5 mm，第一内苞长2~2.5 mm；萼倒圆锥形，长3~3.5 mm，萼檐淡紫色或白色；花冠蓝紫色。花期6—8月，果期7—9月。

生长于盐渍化的荒地上和盐土，低洼处常见。在我国分布于新疆，欧洲、中亚、蒙古国也有分布。

种花多，艳丽、芳香，花期较长，具有发达的蜜腺，是一种良好的蜜源和观赏植物。

白麻

Apocynum pictum Schrenk

亚灌木；高达 2 m；幼枝被短柔毛，后渐无毛；叶常互生，长圆形或卵形，长 1.5~4 cm，两面被颗粒状突起，密生细齿；花萼裂片卵形或三角形，长 1.5~4 mm；花冠粉红色或紫红色，花冠筒盆状，长 2.5~7 mm，花冠裂片宽三角形，长 2.5~4 mm；副花冠着生花冠筒基部，裂片宽三角形，先端长渐尖；蓇葖果下垂，长 10~30 cm，径 3~4 mm；种子窄卵圆形，长 2.5~3 mm，冠毛长 1.5~2.5 cm。花果期 5—9 月。

生长于荒漠带、半荒漠带的沙漠边缘、丘陵低地、盐渍化沙地、河流两岸。在我国分布于新疆、甘肃、青海，中亚、蒙古国也有分布。

本种可作为纺织、造纸原料，也是很好的蜜源植物。

属	罗布麻属 Apocynum L.
科	夹竹桃科 Apocynaceae

罗布麻
Apocynum venetum L.

属	罗布麻属	Apocynum L.
科	夹竹桃科	Apocynaceae

亚灌木；高达4 m，除花序外全株无毛；叶常对生，窄椭圆形或窄卵形，长1~8 cm，基部圆形或宽楔形，具细齿叶柄，长3~6 mm；花萼裂片窄椭圆形或窄卵形，长约1.5 mm；花冠紫红色或粉红色，花冠筒钟状，长6~8 mm，被颗粒状突起，花冠裂片长3~4 mm，花盘肉质，5裂，基部与子房合生；蓇葖果长8~20 cm，径2~3 cm；种子卵球形或椭圆形，长2~3 mm，冠毛长。花期4—9月，果期7—10月。

生长于河湖渠边、河漫滩、盐碱地、盐渍化沙地。在我国分布于内蒙古、宁夏、甘肃、新疆，欧洲也有分布。

本种的干燥叶入药，茎皮纤维是编织和纺织原料。且该种花多、艳丽、芳香，花期较长，具有发达的蜜腺，是一种良好的蜜源植物。

杠柳
Periploca sepium Bge.

属 杠柳属 Periploca L.

科 夹竹桃科 Apocynaceae

落叶蔓性藤本灌木。具乳汁，除花外，全株无毛；小枝通常对生，具皮孔。叶卵状长圆形，长5~9 cm，宽1.5~2.5 cm；聚伞花序腋生，着花数朵；花萼裂片卵圆形，顶端钝，花萼内面基部有10个小腺体；花冠紫红色，辐状，张开直径1.5 cm，花冠筒短，约长3 mm，裂片长圆状披针形，中间加厚呈纺锤形，反折，内面被长柔毛，外面无毛；副花冠环状，顶端向内弯；雄蕊着生在副花冠内面，并与其合生，花药彼此粘连并包围着柱头，花粉器匙形，粘盘粘连在柱头上。蓇葖2，圆柱状，长7~12 cm；种子长圆形，黑褐色，顶端具白色绢质种毛；种毛长3 cm。花期5—6月，果期7—9月。

生长于平原及低山丘的林缘、沟坡、河边沙质地或地埂等处。其特性为喜光、耐旱、耐寒、耐盐碱。在我国分布于西北、东北、华北。

具有广泛的适应性，是优良的固沙、水土保持树种；做药用时可镇痛，除风湿。

黑果枸杞
Lycium ruthenicum Murray

属	枸杞属 Lycium L.
科	茄科 Solanaceae

灌木，多棘刺，高20~70 cm。多分枝，常呈"之"字形曲折，白色或灰白色。单叶互生，近棒状、条状至匙形，肉质，无柄。花冠漏斗状，淡紫色；雄蕊着生于花冠筒中部，花丝基部稍上处和同高街花冠内壁均具稀疏茸毛；花柱与雄蕊近等长。浆果球形，成熟后黑紫色。种子肾形。花果期5—10月。

生长于盐碱地、盐化沙地、河湖沿岸、干河床或路旁。在我国分布于陕西、宁夏、甘肃、青海、新疆和西藏，中亚和欧洲亦有分布。

黑果枸杞耐盐碱，可作为水土保持的灌木。黑果枸杞味甘、性平，富含蛋白质、枸杞多糖、氨基酸、维生素、矿物质、微量元素等多种营养成分。

• 《国家重点保护野生植物名录》：Ⅱ级

肉苁蓉

Cistanche deserticola Ma.

属 肉苁蓉属 Cistanche Hoffmanns. & Link

科 列当科 Orobanchaceae

多年生草本；高达 30~120 cm；茎下部叶紧密，宽卵形或三角状卵形，上部叶较稀疏，披针形或窄披针形，无毛；穗状花序长 15~50 cm，宽 1~2 cm；苞片条状披针形或披针形，常长于花冠；小苞片卵状披针形或披针形，与花萼近等长；花萼钟状，5 浅裂；花冠筒状钟形，长 3~4 cm，裂片 5，近半圆形；花冠淡黄色，裂片淡黄色、淡紫色或边缘淡紫色，干后棕褐色；花丝基部被皱曲长柔毛；花药基部具骤尖头，被皱曲长柔毛；子房基部有蜜腺；花柱顶端内折；蒴果卵球形，长 1.5~2.7 cm，顶端具宿存花柱。花期 5—6 月，果期 6—8 月。

寄生植物，生于山前平原覆沙地、半固定沙丘、沙地上的梭梭（*Haloxylon ammodeodron*）植物根部。中国特有种，分布于新疆、内蒙古、宁夏、甘肃。

肉苁蓉是一种寄生在沙漠树木梭梭根部的寄生植物，从梭梭寄主中吸取养分及水分。素有"沙漠人参"之美誉，具有极高的药用价值，是中国传统的名贵中药材。

• 《国家重点保护野生植物名录》：II 级

盐生肉苁蓉

Cistanche salsa (C. A. Mey.) G. Beck

属	肉苁蓉属　**Cistanche** Hoffmanns. & Link
科	列当科　Orobanchaceae

多年生草本；高达45 cm；茎基径1~3 cm，向上渐细；叶卵形或长圆状卵形，长3~6 mm，宽4~5 mm，生于茎上部的渐窄长；穗状花序长5~20 cm；苞片卵状披针形，为花冠的1/2；小苞片与花萼近等长；花萼钟状，长1~1.2 cm，5浅裂；花冠筒状钟形，长2.5~3 cm，筒部白色，5浅裂，裂片半圆形，淡紫色；花药长卵形，基部具小尖头，连同花丝基部密被皱曲长柔毛；子房无毛；蒴果卵球形或椭圆形，长1~1.4 cm；种子径0.4~0.5 mm。花期5—6月，果期7—8月。

生长于荒漠草原带，海拔700~2650 m。常见的寄主有盐爪爪、细枝盐爪爪、红砂、珍珠柴、白刺和芨芨草。在我国分布于内蒙古、甘肃和新疆，伊朗和俄罗斯及中亚也有分布。

盐生车前

Plantago salsa Pall.

属	车前属　Plantago L.
科	车前科　Plantaginaceae

多年生草本；直根粗长；叶簇生呈莲座状，平卧、斜展或直立，稍肉质，干后硬革质，线形，长（4）7~32 cm，宽（1）2~8 mm，先端长渐尖，边缘全缘，平展或略反卷；无明显的叶柄，基部扩大成三角形的叶鞘；花序1个至多个；花序梗直立，贴生白色短糙毛；穗状花序圆柱状，长（2）5~17 cm，紧密或下部间断，穗轴密生短糙毛；苞片三角状卵形或披针状卵形，边缘有短缘毛，背面无毛，龙骨突厚，不达顶端；花萼长2.2~3 mm，萼片边缘、龙骨突厚，不达萼片顶端，前对萼片狭椭圆形，后对萼片宽椭圆形；蒴果圆锥状卵形，长2.7~3 mm。花期6—7月，果期7—8月。

生长于戈壁、盐湖边、盐碱地、河漫滩、盐化草甸，海拔100~3750 m。在我国分布于内蒙古、河北、陕西、甘肃、青海、新疆，蒙古国、俄罗斯、哈萨克斯坦、吉尔吉斯斯坦、阿富汗、伊朗也有分布。

花花柴
Karelinia caspica (Pall.) Less.

| 属 | 花花柴属 | Karelinia Less. |
| 科 | 菊科 | Compositae |

多年生草本；高达1 m；茎粗壮，多分枝，中空；幼枝密被糙毛或柔毛，老枝无毛，有疣状突起；叶卵圆形、长卵圆形或长椭圆形，长1.5~6.5 cm，基部有圆形或戟形小耳，抱茎，全缘或疏生不规则短齿，近肉质，两面被糙毛至无毛；头状花序长1.3~1.5 cm，3~7排成伞房状；总苞卵圆形或短圆柱形，长1~1.3 cm，总苞片约5层，外层卵圆形，内层长披针形，外面被短砧状毛；小花黄色或紫红色；雌花花冠丝状，长7~9 mm，花柱分枝细长；两性花花冠细管状，长0.9~1 cm；冠毛白色，雌花冠毛纤细，有疏齿，两性花及雄花冠毛上端较粗厚，有细齿；瘦果圆柱形，长约1.5 mm，有4~5棱，无毛。花期7—9月，果期9—10月。

生长于戈壁滩地、沙丘、草甸盐碱地和苇地水田旁，常大片群生，极常见。在我国分布于新疆、青海、甘肃、内蒙古，蒙古国、中亚、伊朗和土耳其也有分布。

橡胶草
Taraxacum kok-saghyz Rodin

| 属 | 蒲公英属 | Taraxacum F. H. Wigg. |
| 科 | 菊科 | Compositae |

多年生草本；根茎部被黑褐色残存叶基；叶窄倒卵形或倒披针形，不裂、全缘或具波状齿，有时主脉红色；花葶1~3个，高7~24 cm，有时带紫红色，顶端疏被蛛丝状毛；头状花序径2.5~3 cm；总苞钟状，长0.8~1.1 cm，总苞片浅绿色，先端常带紫红色，背部有较长尖的角，外层伏贴，具白色膜质边缘，内层长为外层的1.5~2.5倍；舌状花黄色，花冠喉部及舌片下部外面疏生柔毛，边缘花舌片背面有紫色条纹；瘦果淡褐色，上部1/3~1/2有多数小刺，余部具小瘤突或无瘤突，顶端缢缩成喙基；冠毛白色，长4~5 mm。花果期5—7月。

生长于河漫滩草甸、盐碱化草甸、农田水渠边。在我国分布于新疆，哈萨克斯坦及欧洲也有分布。

根含乳汁，可提取橡胶，用于制造一般橡胶制品。

盐地风毛菊
Saussurea salsa (Pall.) Spreng

属 风毛菊属 Saussurea DC.

科 菊科 Compositae

多年生草本；全株绿色；茎疏被蛛丝状毛；基生叶与下部茎生叶长圆形，长5~30 cm，大头羽状深裂或浅裂，顶裂片三角形或箭头形；中下部叶长圆形、长圆状线形或披针形，全缘或疏生锯齿；上部叶披针形，全缘；叶肉质，两面绿色，上面疏被白色糙毛或无毛，下面有白色透明腺点；头状花序排成伞房花序；总苞窄圆柱形，径5 mm，总苞（5~）7层，背面被蛛丝状绵毛；外层卵形，长2 mm，中层披针形，长0.9~1 cm，内层长披针形，长1.2 cm；小花粉紫色；瘦果长圆形，红褐色，顶端无小冠；冠毛白色，外层糙毛状，内层羽毛状。花果期7—9月。

生长于盐土草地、戈壁滩、湖边，海拔2740~2880 m。在我国分布于新疆、内蒙古、青海，俄罗斯、中亚、蒙古国也有分布。

芨芨草
Achnatherum splendens (Trin.) Nevski

属　芨芨草属　Achnatherum Beauv.

科　禾本科　Poaceae

秆具白色髓；高0.5~2.5 m，无毛；叶鞘无毛，具膜质边缘，叶舌披针形，长0.5~1（~1.7）cm；叶片纵卷，坚韧，长30~60 cm，宽5~6 mm，上面粗糙，下面无毛；圆锥花序开展，长30~60 cm；分枝每节2~6枚，长8~17 cm；小穗灰绿色，基部带紫褐色，成熟后呈草黄色；颖披针形，第一颖长4~5 mm，第二颖长6~7 mm，均具3脉；外稃长4~5 mm，先端2微齿裂，背部密被柔毛，5脉，基盘钝圆，长约0.5 mm，被柔毛，芒长0.5~1.2 cm，直立或微弯，不扭转，粗糙，基部具关节，早落；内稃长3~4 mm；花药长2.5~3.5 mm，顶端具毫毛；花果期6—9月。

生长于微碱性的草滩及沙土山坡，海拔900~4500 m。在我国分布于西北、东北、山西、河北，中亚、蒙古国、俄罗斯也有分布。

该种植物在早春幼嫩时，为牲畜良好的饲料；其秆叶坚韧，长而光滑，为极有用之纤维植物，供造纸及人造丝，又可编织筐、草帘、扫帚等；叶浸水后，韧性极大，可做草绳；又可改良碱地，保护渠道及保持水土。

小獐毛
Aeluropus pungens (M. Bieb) C. Koch

属　獐毛属　Aeluropus Trin.

科　禾本科　Poaceae

多年生；高5~25 cm，花序以下粗糙或被毛，基部密生鳞叶，多分枝，形成四周伸展匍枝；叶鞘多聚于秆基，无毛，叶舌短，具1圈纤毛；叶窄线形，质硬，先端尖，长0.5~6 cm，宽1.5 mm，扁平或内卷，无毛；圆锥花序穗状，长2~7 cm，分枝单生，疏离；小穗长2~4 mm，具（2）4~8朵小花，排成2行；颖卵形，边缘膜质，疏生纤毛，脊粗糙，第一颖短于第二颖，约0.5 mm；外稃卵形，5~9脉，边缘具纤毛，基部较密；内稃先端平截或具缺刻；花柱2，顶生。花果期5—8月。

生长于盐碱土及沙地。在我国分布于新疆、甘肃，欧洲、中亚、伊朗、印度也有分布。

马蔺

Iris lactea Pall.

属 鸢属 Iris L.

科 禾本科 Iridaceae

多年生；高5~25 cm，花序以下粗糙或被毛，基部密生鳞叶，多分枝，形成四周伸展匍枝；叶鞘多聚于秆基，无毛，叶舌短，具1圈纤毛；叶窄线形，质硬，先端尖，长0.5~6 cm，宽1.5 mm，扁平或内卷，无毛；圆锥花序穗状，长2~7 cm，分枝单生，疏离；小穗长2~4 mm，具（2）4~8朵小花，排成2行；颖卵形，边缘膜质，疏生纤毛，脊粗糙，第1颖短于第2颖，约0.5 mm；外稃卵形，5~9脉，边缘具纤毛，基部较密；内稃先端平截或具缺刻；花柱2，顶生。花果期5—8月。

生长于盐碱土及沙地。在我国分布于新疆、甘肃，欧洲、中亚、伊朗、印度也有分布。

塔里木兔
Lepus yarkandensis Günther, 1875

属	兔属	Lepus
科	兔科	Leporidae

　　又叫南疆兔、莎车兔。头体长28.5~43 cm，尾长5.5~11 cm，体重1.1~1.9 kg。毛色较浅，背毛沙棕色，腹毛全白色；耳相对长，耳尖无黑色，尾淡烟灰色或类似背毛。冬毛较淡，为浅沙棕色。栖息于塔里木盆地海拔900~1200 m的多种生境，主要在沿河两岸的胡杨和红柳中、盆地四周的半沙漠草原和塔里木河河水泛滥区等。通常从破晓活动到中午，但冬季为了躲避敌害，仅在黎明之前和黄昏之后才出来觅食，挖掘芦苇、罗布麻、甘草、骆驼刺等植物的根为食，喜食灌木、半灌木的外皮、幼嫩枝条等。2月开始繁殖，一直延续到7月，雌兔每年繁殖2~3胎，每胎产2~5崽，哺乳期仅有3~5天，幼兔便能独立生活。

　　中国特有种，分布于新疆塔里木盆地。

- 《国家重点保护野生动物名录》：Ⅱ级
- 《中国脊椎动物红色名录》：近危（NT）

大耳猬

Hemiechinus auritus (Gmelin, 1770)

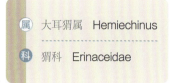

属	大耳猬属　Hemiechinus
科	猬科　Erinaceidae

体长约20 cm。体形较小，耳大，4~5 cm，耳尖钝圆，自耳后至尾基部的体背覆以坚硬的棘刺，长达3.5 cm，体侧及腹部覆以较短软毛、纹灰白色，头橙黄色，耳灰黄色，体侧灰黄色，腹部灰白色，尾短。荒漠、半荒漠地带刺猬的典型代表，常栖息于戈壁、荒漠草原、农田等。杂食性，主要以昆虫为主，也吃一些植物的幼果、幼芽、农作物等植物性食物。昼伏夜出、胆小怕光、多疑孤僻。冬眠，以家族群落为单位栖息和繁殖。早春2—3月份开始交配，6—7月份产崽，每胎3~6崽，生长4~5个月便成年。

在我国分布于新疆、内蒙古、甘肃、宁夏、青海、陕西，国外分布于中亚、非洲。

- 《中国脊椎动物红色名录》：无危（LC）

沙狐

Vulpes corsac (Linnaeus, 1768)

体长 45~60 cm，尾长 24~35 cm。耳短，耳后和尾基颜色与背部相同，胸部和腹股沟白色，背毛浅棕灰色，尾尖黑色，尾长约为头体长的 50 %。栖息于开阔的草原和半荒漠地区。肉食性，齿细小，主要捕食鼠兔、啮齿类、鸟类、蜥蜴和昆虫。白天非常活跃，听觉、视觉、嗅觉皆灵敏。穴居，多个个体可分享巢穴。交配期 1—3 月，妊娠期 50~60 天，春末夏初生产，每年繁殖 1 胎，每胎产崽 2~6 只，2 岁性成熟，寿命约 6 年。

在我国分布于新疆、青海、甘肃、宁夏、内蒙古，国外分布于阿富汗、印度、伊朗、哈萨克斯坦、吉尔吉斯斯坦、蒙古国、俄罗斯、土库曼斯坦、乌兹别克斯坦。

- 《国家重点保护野生动物名录》：II 级
- 《中国脊椎动物红色名录》：近危（NT）

属	狐属	Vulpes
科	犬科	Canidae

斑翅山鹑
Perdix dauurica (Pallas, 1811)

属	山鹑属 Perdix
科	雉科 Phasianidae

体形略小（25~31 cm）的灰褐色鹑类。脸、喉中部及腹部橘黄色，喉部有羽须，腹中部有一倒"U"形黑色斑块，与灰山鹑的区别在于胸为黑色而非栗色。栖息于平原森林草原、灌丛草地、低山丘陵和农田荒地等各类生境。以植物的嫩叶、嫩芽、浆果、草秆等为食，也吃蝗虫、蚱蜢等昆虫和小型无脊椎动物。营巢于灌丛和蒿草的平原沟谷、溪流、干草地等，巢多置于高草丛或灌丛下，结构甚为简单，在松软的地上凹处刨一个浅坑，垫以干草、苔藓和羽毛等即成。繁殖期4—6月，每窝产卵10~17枚，孵化期为23~25天，雏鸟孵出当天即可随亲鸟活动。

在我国分布于东北、华北、西北，国外分布于蒙古国、俄罗斯。

• 《中国脊椎动物红色名录》：无危（LC）

石鸻

Burhinus oedicnemus Linnaeus, 1758

　　体大（38~45 cm）的黄褐色鸻鸟。黄色的眼睛大而凝神，翼上白色横纹的边缘上褐而下黑，飞羽合拢时成黑色，飞行时具两道白色条带。主要栖息于低山荒漠及大的河流和湖泊岸边。主要以蟹、虾、螺、甲壳类、软体动物、昆虫、小型爬行类和两栖类动物为食。常单独或小群活动，夜行性，性机警而胆小，飞行快而有力。营巢于沙石河边或河边沙地以及沙与岩石混杂的地上，巢为裸露沙石地上的凹坑。繁殖期4—7月，每窝产卵2枚，雌雄轮流孵卵。

　　繁殖期少见于新疆北部，冬季偶见于西藏东南部，迷鸟至广东；国外分布于南欧、北非、中东及中亚。

| 属 | 石鸻属 | Burhinus |
| 科 | 石鸻科 | Burhinidae |

- 《中国脊椎动物红色名录》：无危（LC）
- 《新疆重点保护野生动物名录》：II级

黑腹沙鸡
Pterocles orientalis (Linnaeus, 1758)

属	沙鸡属	Pterocles
科	沙鸡科	Pteroclididae

体形略大（30~35 cm）的沙褐色沙鸡。雄鸟头、颈及喉灰色，颈侧及下脸具栗色块斑，翼上多具黑色及黄褐色粗横纹；雌鸟色较浅，黑色点斑较多。栖息于山脚平原、草地、荒漠和多石的荒野。主要在地面上觅食荒漠植物的种子，也吃植物的叶、芽和昆虫等。营巢于平原或有稀疏植物的低山丘陵荒漠地带，巢大多利用地面上的凹坑，里面没有任何铺垫物或仅有少许小的圆石头。繁殖期5—6月，每窝产卵2~3枚，由双亲轮流孵化。

国内繁殖于新疆北部及西北部，迁徙时途经新疆西南部；国外分布于西班牙、北非、中东、印度、阿富汗、俄罗斯。

- 《国家重点保护野生动物名录》：Ⅱ级
- 《中国脊椎动物红色名录》：近危（NT）

纵纹角鸮

Otus brucei (Hume, 1873)

体小（20~22 cm）的浅沙灰色角鸮。眼黄色，似灰色型的红角鸮，但上体沙灰色较淡，且顶冠或后颈无白点，下体灰色较重并具清晰的黑色条纹。栖息于荒漠低山、平原地区的农田和森林地带，尤以胡杨林、耕地附近的防护林、果园较为多见。主要以昆虫为食，也吃小型啮齿类和鸟类等。营巢于树洞中，也常利用鸦科鸟类的旧巢及旧建筑物营巢。繁殖期4—6月，每窝产卵4~6枚，雌鸟孵卵。

国内为新疆西南部及西北部胡杨林区少见的繁殖鸟；国外分布于中亚及印度西部、阿富汗、伊朗、伊拉克、叙利亚和巴勒斯坦。

| 属 | 角鸮属 | Otus |
| 科 | 鸱鸮科 | Strigidae |

- 《国家重点保护野生动物名录》：Ⅱ级
- 《中国脊椎动物红色名录》：数据缺乏（DD）

黄喉蜂虎

Merops apiaster Linnaeus, 1758

属 蜂虎属 Merops

科 蜂虎科 Meropidae

中等体形（25~29 cm）、色彩亮丽的蜂虎。背部金色显著，喉黄，具狭窄的黑色前领，下体余部蓝色，颈、头顶及枕部栗色。栖息于荒漠开阔平原地区有树木生长的陡坡及河谷地带。主要嗜食蜂类，亦捕食蜻蜓、白蚁、蝴蝶等鳞翅类昆虫及甲壳类动物。常集群一起繁殖，营巢于高陡的河岸土崖，巢呈隧道状，雌雄亲鸟轮流用嘴挖掘，直接产卵于巢室内地上。繁殖期5—7月，每窝产卵4~8枚，雌雄鸟轮流孵卵，孵化期约20天。雏鸟晚成性，雌雄亲鸟共同育雏。

国内新疆西北部为地方性常见繁殖鸟，罕见于新疆西南部；国外繁殖于非洲西北部、欧洲南部，往东到俄罗斯、中亚和印度西北部，越冬于印度和非洲。

- 《中国脊椎动物红色名录》：近危（NT）
- 《新疆重点保护野生动物名录》：II级

棕尾伯劳

Lanius phoenicuroides Schalow, 1875

体形较小（16~19 cm）的偏灰色伯劳。雄鸟上体浅沙灰色，过眼纹黑色，白眉纹较宽，尾羽棕色，白色翼斑较明显；雌鸟较雄鸟色浅，翼斑不明显，下体具黑色细小的黑色鳞状斑纹。栖息于低山丘陵、山脚平原较为开阔的疏林、林缘、林间空地、树丛及灌丛。营巢于较高的灌木枝杈或小树上，巢呈杯状，主要由细枝、草茎、草叶和植物纤维等材料构成，内垫细草茎、棉花、羊毛、马毛、羽毛等柔软物质。繁殖期5—7月，每窝产卵4~5枚，孵卵期14~15天。雌雄共同育雏，雏鸟约15天离巢。

新疆北部常见的繁殖鸟，迷鸟见于青海；国外主要分布于中亚、巴基斯坦、印度西北部；非繁殖区至东南亚和东非。

| 属 | 伯劳属 | Lanius |
| 科 | 伯劳科 | Laniidae |

- 《中国脊椎动物红色名录》：无危（LC）

双斑百灵

Melanocorypha bimaculata (Ménétriés, 1832)

属	百灵属 Melanocorypha
科	百灵科 Alaudidae

体形略大（16~19 cm）的粗壮而尾短的百灵。嘴厚且钝，颏、喉及半颈环白，其下有黑色的项纹，上体具浓褐色杂斑，下体白，两胁棕色，胸侧有纵纹。主要栖息于稀疏植物的开阔平原和河谷地带，尤其喜欢植被稀疏的半荒漠地带。主要以植物嫩叶、果实、谷粒、种子等植物性食物为食，也吃昆虫及幼虫。营巢于地上天然凹坑中，巢呈杯形，结构较为粗糙，主要由枯草茎、草叶和根须构成，内垫有细草或细根，巢周围多有植物掩盖。繁殖期4—6月，每窝产卵约6枚。

在我国分布于新疆，国外分布于伊朗、伊拉克、阿富汗、塔吉克斯坦、巴基斯坦、印度、非洲。

- 《中国脊椎动物红色名录》：无危（LC）
- 《新疆重点保护野生动物名录》：Ⅱ级

黑百灵

Melanocorypha yeltoniensis (J. R. Forster, 1768)

属 百灵属 Melanocorypha

科 百灵科 Alaudidae

　　体大（18~21 cm）的百灵。嘴形甚厚重。雄鸟夏季通体黑色微具白色或赭色羽缘，秋季和冬季上体灰色具黑色斑点和宽的白色羽缘；雌鸟上体黑褐色具宽的淡灰褐色羽缘，下体白色具褐色条纹，胸缀有赭色，翅下覆羽黑褐色。栖息于开阔的平原、草地和半荒漠地区。主要以蝗虫、甲虫、蚂蚁等昆虫为食，也吃种子等植物性食物。营巢于地上凹坑内，巢呈杯状，主要由枯草构成，内垫细草茎。繁殖期4—7月，每窝产卵4~5枚，雌鸟孵卵，孵化期15~16天，雏鸟晚成性。

　　在我国分布于新疆，国外分布于伏尔加河下游一直往东到哈萨克斯坦平原，冬季也出现于俄罗斯、中亚，甚至游荡到波兰、比利时、英国、瑞士、意大利。

- 《中国脊椎动物红色名录》：无危（LC）
- 《新疆重点保护野生动物名录》：II 级

横斑林莺

Curruca nisoria (Bechstein, 1792)

属	白喉林莺属 **Curruca**
科	莺鹛科 **Sylviidae**

体大（15.5~17 cm）而壮实的灰色林莺。雄鸟上体淡灰色，眼部黄色明显，下体白色，布满暗色波浪形横斑；雌鸟上体灰褐色，下体横斑仅限于两胁，其余似雄鸟，翼上具两道白色的翼斑。栖息于多种生境，如农田林网、城市林园、荒漠绿洲。主要以昆虫及其幼虫为食，亦吃植物果实、种子、浆果等。筑巢于灌木侧枝或细的灌木茎上，巢呈深杯状，由草茎或枯草叶编织而成，内垫以细草茎、须根、动物毛等。繁殖期6—7月，每窝产卵4~6枚，孵化期14~15天，育雏期11~12天。晚成鸟，双亲共同育雏。

在我国分布于新疆、甘肃，国外分布于欧洲。

• 《中国脊椎动物红色名录》：无危（LC）

漠䳡

Oenanthe deserti (Temminckx, 1825)

属	䳡属	Oenanthe
科	鹟科	Muscicapidae

体形略小（14~15.5 cm）的沙黄色䳡。尾黑，翼近黑。雄鸟脸侧、颈及喉黑色；雌鸟头侧近黑，但颏及喉白色。飞行时尾几乎全黑而有别于所有其他种类的䳡。栖息于干旱荒漠平原、戈壁沙丘、荒漠和半荒漠地带。主要以甲虫、蚂蚁等昆虫及幼虫为食。通常营巢于岩隙和废弃的鼠类洞中，巢呈碗状，主要由枯草茎、草根、草叶、羊毛等材料构成。繁殖期5—8月，每窝产卵4~6枚。

在我国分布于新疆、西藏、陕西、甘肃、青海、内蒙古、宁夏和四川，国外分布于非洲东北部、阿拉伯半岛、中东、西亚、中亚至南亚北部。

- 《中国脊椎动物红色名录》：无危（LC）

黑胸麻雀
Passer hispaniolensis (Temminck, 1820)

属 麻雀属 Passer

科 雀科 Passeridae

中等体形（14~16 cm）的粗壮麻雀，嘴厚。成年雄鸟头顶及颈背栗色，脸颊白，上背及两胁密布黑色纵纹，颏及上胸黑色；雌鸟似家麻雀雌鸟，但嘴较大且眉纹较长，上背两侧色浅，胸及两胁具浅色纵纹。栖息于农田防护林和荒漠疏林灌丛，更喜欢在农田、果园、苗圃的稀疏树丛活动与觅食。主要以植物果实、种子、草籽等为食，繁殖期间也吃蝗虫和其他昆虫及幼虫。通常成群在一起繁殖，营巢于树上，呈球形，外层主要由草茎和细的干树枝构成，内垫有细草茎、羊毛和鸟类羽毛等。繁殖期4—7月，1年繁殖1~2窝，每窝产卵4~8枚，孵化期约13天。

在我国分布于新疆、甘肃、内蒙古，国外分布于非洲、欧洲、西亚。

- 《中国脊椎动物红色名录》：无危（LC）

红翅沙雀

Rhodopechys sanguineus Gould, 1838

体形略大（13~15 cm）的褐色沙雀。厚大的黄嘴，两翼及眼周绯红，颊褐色，眉纹、喉及颈侧沙色。雄鸟头顶黑褐色，背、胸褐色有黑色纵纹，腰褐色而沾粉红色，腹部偏白色，尾覆羽多浅绯红色，飞羽黑色而具绯红色和白色羽缘；雌鸟似雄鸟，但色暗且绯红色较少。栖息于生长有稀疏植物的岩石荒坡、灌丛草地及半荒漠地区。性活泼，不停地在地上奔跑跳跃，觅食散落在地上的植物种子，冬季游动性大，无固定的栖息地，以各种植物种子为食。营巢于地上较为隐蔽的地方或洞中及岩石间的缝隙。繁殖期6—7月，每窝产卵4~5枚。

在我国分布于新疆，国外分布于西班牙、土耳其、中亚。

属	沙雀属	Rhodopechys
科	燕雀科	Fringillidae

- 《中国脊椎动物红色名录》：无危（LC）
- 《新疆重点保护野生动物名录》：Ⅱ级

褐头鹀

Emberiza bruniceps Brandt, 1841

<table>
<tr><td>属</td><td>鹀属 Emberiza</td></tr>
<tr><td>科</td><td>鹀科 Emberizidae</td></tr>
</table>

　　体形略大（15~16.5 cm）的偏黄色鹀。头上无条纹。雄鸟头及胸栗色而与颈圈及腹部的艳黄色成对比；雌鸟上体浅沙皮黄色，下体浅黄色，头顶及上背具偏黑色纵纹。栖息于低山丘陵、开阔平原地带的各种灌丛与草丛，尤其喜欢无树或有稀疏树木的干旱平原、农田地带。以草籽、谷粒、农作物种子等植物性食物为食。营巢于灌木或干草丛中，巢呈杯状，外层主要由草茎和草叶构成，内层较紧密，用细草茎、须根、少许兽毛、羽毛等细软物质构成。繁殖期5—7月，1年繁殖1~2窝，每窝产卵5~6枚，孵卵由雌鸟承担。

　　在我国分布于新疆，国外分布于中亚。

- 《中国脊椎动物红色名录》：无危（LC）

隐耳漠虎
Alsophylax pipiens (Pallas, 1827)

属　漠虎属　Alsophylax

科　壁虎科　Gekkonidae

　　头体长62~76 mm。体略纵扁，前肢细弱，后肢中等大，尾圆柱形。体呈沙色，背面有明显的棕色横斑。肩至尾部有4~5条棕色横斑。栖息于戈壁滩的大石块下或洞穴内，在沙漠内则筑巢于长有白刺的沙丘上。主要以昆虫及其幼虫、蜘蛛等为食。典型的夜行性壁虎，行动速度飞快，危急时刻会断尾求生。卵白色，长卵形。

　　在我国分布于内蒙古、宁夏、甘肃、新疆，国外分布于哈萨克斯坦、乌兹别克斯坦、土库曼斯坦及蒙古国。

• 《中国脊椎动物红色名录》：无危（LC）

敏麻蜥
Eremias arguta (Pallas, 1773)

属　麻蜥属　Eremias

科　蜥蜴科　Lacertidae

　　体形粗壮，头体长约56 mm，尾长约62 mm。前眶上鳞小于后眶上鳞，额鼻鳞单枚，颏片相接处至领围的一纵列鳞26~33枚。背部因亚种不同而有不规则的纵列白斑或黑色横斑。生活于新疆天山北部山地荒漠草原，也栖息在喀什谷地的丘陵阳坡。通常在坡下挖洞而居，也在干河床的砾石堆下栖息。捕食蝗虫和甲虫等昆虫，也吃蜘蛛。3月底或4月初出蛰，繁殖期可延续到8月，卵生。

　　在我国分布于新疆，国外分布于蒙古国、俄罗斯、哈萨克斯坦、吉尔吉斯斯坦、乌兹别克斯坦、阿塞拜疆、乌克兰、伊朗。

• 《中国脊椎动物红色名录》：无危（LC）

花条蛇
Psammophis lineolatus (Brandt, 1838)

| 属 | 花条蛇属 Psammophis |
| 科 | 屋蛇科 Lamprophiidae |

　　头体长约920 mm。蛇体细长，头形狭长，吻端钝圆，眼大，瞳孔圆形，背面灰褐色，有灰褐色纵线，腹面黄白色，轻毒。栖息于沙漠、半沙漠或黄土高原的鼠洞穴内。成蛇吃沙蜥、麻蜥等，用身体缠绕蜥蜴至死吞食，幼蛇吃蝗虫等昆虫。白天活动，行动敏捷，通过身体的侧向滑行，可以一直在沙丘上"游动"，上半部身体可离开地面做快速爬行，故称"子弹蛇"，每小时能爬行10~15 km。卵生，6—7月产卵，每次2~6枚，7—8月孵化。

　　在我国分布于新疆、甘肃、宁夏，国外分布于哈萨克斯坦、吉尔吉斯斯坦、乌兹别克斯坦、塔吉克斯坦、土库曼斯坦、阿富汗、巴基斯坦、伊朗、蒙古国。

- 《中国脊椎动物红色名录》：近危（NT）
- 《新疆重点保护野生动物名录》：Ⅱ级

羲和绢蝶
Parnassius apollonius (Eversmann, 1847)

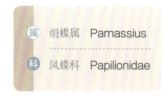

| 属 | 绢蝶属 Parnassius |
| 科 | 凤蝶科 Papilionidae |

　　中大型蝶类，翅展64~85 mm，翅正面乳白色，前翅中室内和中室端部各有1枚黑斑，中室外和近后缘处有3枚外围黑圈的红斑，后翅中部有两枚外围黑圈的红斑。前后翅亚外缘均有完整的黑色点列。翅反面与正面相似，雌蝶较雄蝶体形更大，黑色斑纹常更为发达，有的雌蝶个体前后翅端半部呈半透明状。成虫期5—6月，飞行缓慢而飘逸，雌蝶在寄主植物附近的灌木根部产卵，幼虫体表具黑色茸毛，取食景天属植物。

　　新疆唯一栖息于荒漠的绢蝶属种类，栖息于海拔500~3500 m的荒漠、干旱草原和高山荒漠，目前受到荒山绿化、过度放牧等的严重威胁，种群数量正迅速减少。国内仅分布于新疆，国外分布于哈萨克斯坦、吉尔吉斯斯坦、乌兹别克斯坦、塔吉克斯坦。

欧洲粉蝶

Pieris brassicae (Linnaeus, 1758)

中型蝶类，翅展49~63 mm，雄蝶翅正面白色，前翅顶角到外缘部分为黑色，翅反面与正面相似，但后翅反面散布着灰绿色鳞片。雌蝶前翅正面基部黑色鳞片更发达，在中室外和后缘处有2枚黑斑，其余斑纹与雄蝶相似。成虫期4—10月，飞行迅速，具有长距离迁飞能力。幼虫取食多种野生的和栽培的十字花科植物。

新疆荒漠地区常见的蝶类，栖息于从低地到高山的各种环境，在我国分布于新疆、甘肃、西藏、云南、四川、吉林，国外分布于欧洲、中亚、蒙古国、俄罗斯。随着荒漠边缘地区蔬菜栽培产业的发展，欧洲粉蝶在新疆北部荒漠有增加的趋势。

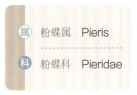

属	粉蝶属	Pieris
科	粉蝶科	Pieridae

喀什眼灰蝶

Polyommatus kashgharensis Moore, 1878

属　眼灰蝶属　Polyommatus

科　灰蝶科　Lycaenidae

小型蝶类，翅展24~34 mm，雄蝶翅正面天蓝色，翅外缘黑色带极狭窄。翅反面底色灰白色或银白色，翅基部的灰蓝色鳞片到达中室中部，亚外缘的黑色斑纹和橙红色三角形斑纹模糊，有时不可见。雌蝶正面棕色，前翅具不显著的中室端斑，前后翅亚外缘有模糊的橙色斑。有的雌性个体在前后翅正面也出现金属蓝色鳞片，成虫期4—9月。幼虫取食多种豆科植物，尤其喜食紫苜蓿。

新疆北部荒漠地区常见的蝶类，栖息于海拔500~3000 m的荒漠、河谷灌丛、山地草甸，在我国分布于新疆，国外分布于哈萨克斯坦、吉尔吉斯斯坦、乌兹别克斯坦、塔吉克斯坦、俄罗斯、蒙古国、伊朗和阿富汗。

卡弄蝶

Carcharodus alceae (Esper, 1780)

属　卡弄蝶属　Carcharodus

科　弄蝶科　Hesperiidae

小型蝶类，翅展28~32 mm，翅正面棕色，前翅基部有宽阔的黑色斑纹，中室端斑半透明状，顶角处也有3枚半透明的小斑，前后翅的缘毛在翅脉末端为深棕色，其余为黄白色，相间构成锯齿状模样。翅反面底色较正面浅，后翅中部和亚外缘可见白色斑列。雌雄斑纹非常相似。成虫期5—10月，飞行迅速，有时容易与蝇类混淆。幼虫取食多种锦葵科植物，有将寄主植物叶片切割吐丝制成叶巢的习性。

栖息于海拔500~2500 m的荒漠和草甸带。在我国分布于新疆荒漠地区，国外分布于中亚及欧洲。

[1] 阿布都拉·阿巴斯，吴继农.新疆地衣[M].乌鲁木齐：新疆科技卫生出版社，1998.

[2] 阿布力米提·阿布都卡迪尔.新疆哺乳动物的分类与分布[M].北京：科学出版社，2002.

[3] 陈服官，罗时有.中国动物志：鸟纲[M].北京：科学出版社，1998.

[4] 陈曦，胡汝骥，姜逢青，等.中国干旱区自然地理[M].北京：科学出版社，2010.

[5] 崔乃然.新疆主要饲用植物志（1-2册）[M].乌鲁木齐：新疆人民出版社，1990-1994.

[6] 党荣理，潘晓玲，顾雪峰.西北干旱荒漠区植物属的区系分析[J].广西植物，2002，（2）：121-128.

[7] 傅桐生，宋榆钧，高玮，等.中国动物志：鸟纲[M].北京：科学出版社，1998.

[8] 侯学煜.中国温带干旱荒漠区植被地理分布[J].植物学集刊，1987，2：37-66.

[9] 黄人鑫.新疆蝴蝶[M].乌鲁木齐：新疆科技卫生出版社，2000.

[10] 黄文几，陈延熹，温业新.中国啮齿类[M].上海：复旦大学出版社，1995.

[11] 蒋志刚，江建平，王跃招，等.中国脊椎动物红色名录[J].生物多样性，2016，24（5）：500-551.

[12] 刘瑛心.试论我国沙漠地区植物区系的发生与形成[J].植物分类学报，1995，33（2）：131-143.

[13] 刘瑛心.中国沙漠植物志（1-3卷）[M].北京：科学出版社，1985-1992.

[14] 马鸣.鸟类"东扩"现象与地理分布格局变迁——以入侵种欧金翅和家八哥为例[J].干旱区地理，2000，33（4）：540-546.

[15] 马鸣.新疆鸟类分布名录[M].北京：科学出版社，2011.

[16] 马毓泉.内蒙古植物志（第1-8卷）[M].呼和浩特：内蒙古人民出版社，1989-1998.

[17] 强胜，曹学章.外来杂草在我国的危害性及其管理对策[J].生物多样性，2001，2：188-195.

[18] 沈冠冕.新疆经济植物及其利用[M].乌鲁木齐：新疆科学技术出版社，2010.

[19] 世界自然保护联盟物种生存委员会，IUCN物种红色名录，2010.

[20] 汪松，解炎.中国物种红色名录：第1卷[M].北京：高等教育出版社，2004.

[21] 王荷生.植物区系地理[M].北京：科学出版社，1992.

[22] 王艳华.内蒙古珍稀濒危保护植物名录[J].内蒙古林业，1989，8：11-12.

[23] 魏辅文，杨奇森，吴毅，等.中国兽类名录（2021版）[J].兽类学报，2021，41（5）：487-501.

[24] 吴征镒，周浙昆，孙航，等.种子植物分布区类型及其起源和分化 [M].昆明：云南科技出版社，2006.

[25] 武晓东，付和平，杨泽龙.中国典型半荒漠与荒漠啮齿动物研究 [M].北京：科学出版社，2009.

[26] 夏武平.中国动物图谱兽类 [M].北京：科学出版社，1988.

[27] 夏延国，宁宇，李景文，等.中国黑戈壁地区植物区系及其物种多样性研究 [J].西北植物学报，2013，9：1906-1915.

[28] 新疆植物志编辑委员会.新疆植物志（1-6卷）[M].乌鲁木齐：新疆科技卫生出版社，1992-2016.

[29] 尹林克.中国温带荒漠区的植物多样性及其易地保护 [J].生物多样性，1997，5（1）：40-48.

[30] 约翰·马敬能，卡伦·菲普斯，何芬奇.中国鸟类野外手册 [M].长沙：湖南教育出版社，2000.

[31] 张荣祖.中国动物地理 [M].北京：科学出版社，2011.

[32] 张新时.温带荒漠与荒漠生态系统（续）[J].生物学通报，1987，8：8-10.

[33] 张雁云，张正旺，董路，等.中国鸟类红色名录评估 [J].生物多样性，2016，24（5）：568-579.

[34] 赵尔宓，赵肯堂，周开亚，等.中国动物志：爬行纲 [M].北京：科学出版社，1999.

[35] 赵淑文，燕玲.阿拉善荒漠区种子植物区系特征分析 [J].干旱区资源与环境，2008，11：167-174.

[36] 赵一之.内蒙古维管植物：分类及其区系生态地理分布 [M].呼和浩特：内蒙古大学出版社，2012.

[37] 赵震宇.新疆食用菌志 [M].乌鲁木齐：新疆科技卫生出版社，2001.

[38] 赵正阶.中国鸟类志 [M].长春：吉林科学技术出版社，2001.

[39] 郑光美.中国鸟类分类与分布名录（第四版）[M].北京：科学出版社，2023.

[40] 郑作新.中国动物志：鸟纲 [M].北京：科学出版社，1997.

[41] 中国观鸟记录中心.http：//www.birdreport.cn，2024.

[42] 中国科学院内蒙古宁夏综合考察队.内蒙古植被：综合考察专集 [M]：科学出版社，1985.

[43] 中国科学院新疆生物土壤沙漠研究所.新疆药用植物志（1-3册）[M].乌鲁木齐：新疆人民出版社，1978-1984.

[44] 中国科学院新疆综合考察队，中国科学院植物研究所.新疆植被及其利用 [M].北京：

科学出版社，1978.

［45］ 中国科学院植物研究所. 植物智 .http：//www.iplant.cn/，2020.

［46］ 中国科学院植物研究所. 中国高等植物科属检索表（1-5）[M]. 北京：科学出版社，
1979.

［47］ 中国科学院中国植物志编辑委员会. 中国植被 [M]. 北京：科学出版社，1980：967-969.

［48］ 中国科学院中国植物志编辑委员会. 中国植物志 [M]. 北京：科学出版社，1959.

［49］ 中华人民共和国濒危物种进出口管理办公室，中华人民共和国濒危物种科学委员会. 濒
危野生动植物种国际贸易公约附录Ⅰ、附录Ⅱ和附录Ⅲ，2010.

中文名索引

后 记

在诸多老师的共同努力下，克服万难，历时两年多，终于完成了本卷书的编写，百感交集、激动万分。在中国科学院新疆生态与地理研究所管开云研究员极大的信任和支持下，给予我们这次难得的学习和表现机会，是完成此书编写的动力源泉。

编写期间由于种种原因，遇到一些挫折和困难，编写工作曾一度停滞不前，但在管开云研究员的鼓励和督促下，以及中国科学院新疆生态与地理研究所李文军研究员的无私帮助下，使得此书编写顺利进行，在此向他们表示由衷感谢。

通过本卷的编写，使我们学习到许多荒漠植被及动植物方面的知识，同时也为相关荒漠动植物物种补充了一些新的信息和资料，受益良多。荒漠动植物大多分布在人迹罕至的大漠深处，给我们拍照和影像资料收集带来了诸多困难。本书图片来源于长期在西北荒漠一线工作的科研人员、学者及野生动植物爱好者，是他们多年的积累和心血，来之不易！

本书维管植物部分，科的分类排序依据恩格勒系统。植物中文名称和拉丁学名主要依据《中国植物志》，同时参考 *Flora of China* [《中国植物志》(英文版)]、《新疆植物志》、《内蒙古植物志》、《沙漠植物志》等志书；保护等级和濒危等级主要参考中国国家林业和草原局、农业农村部《国家重点保护野生植物名录（2021版）》、《中国高等植物受威胁物种名录》(覃海宁等，2017) 及环境保护部、中国科学院《中国生物多样性红色名录——高等植物卷》(2013) 等。动物部分两栖、爬行类的分类系统参考了中国两栖、爬行动物更新名录（王剀等，2020）；鸟类的分类系统参考了《中国鸟类分类与分布名录（第三版）》(郑光美，2017) 和《中国鸟类观察手册》(刘阳＆陈水华，2021)；兽类的分类体系参考了中国兽类名录（魏辅文等，2021）。保护等级与濒危等级主要参考《国家重点保护野生动物名录（2021版）》、《中国脊椎动物红色名录》(蒋志刚等，2016）。

本书集专业性、科普性、实用性于一体，希望读者可以通过本书学习中国西北温带荒漠区主要植被类型、生态景观和生物物种多样性等方面的相关知识，为荒漠区生物多样性保护及生态文明建设做出贡献。

王喜勇

王喜勇

于乌鲁木齐
2024年1月

图书在版编目（CIP）数据

中国生态博物丛书. 西北温带荒漠卷 / 管开云总主
编；王喜勇，管开云主编. -- 北京：北京出版社，
2024.9
ISBN 978-7-200-15295-1

Ⅰ. ①中… Ⅱ. ①管… ②王… Ⅲ. ①博物学 — 中国
②温带 — 荒漠 — 博物学 — 中国 Ⅳ. ① N912

中国版本图书馆 CIP 数据核字 (2020) 第 021676 号

策　　划　李清霞　刘　可
项目负责　刘　可　杨晓瑞
责任编辑　杨晓瑞
责任印制　燕雨萌
LOGO 设计　曾孝濂
封面设计　品欣工作室
内文排版　品欣工作室

中国生态博物丛书　西北温带荒漠卷
ZHONGGUO SHENGTAI BOWU CONGSHU　XIBEI WENDAI HUANGMO JUAN

管开云　总主编　　王喜勇　管开云　主　编

出　　版　北京出版集团
　　　　　北 京 出 版 社
地　　址　北京北三环中路 6 号
邮　　编　100120
网　　址　www.bph.com.cn
总 发 行　北京伦洋图书出版有限公司
印　　刷　北京华联印刷有限公司
版　　次　2024 年 9 月第 1 版
印　　次　2024 年 9 月第 1 次印刷
成品尺寸　210 毫米 ×285 毫米
印　　张　25.25
字　　数　500 千字
书　　号　ISBN 978-7-200-15295-1
定　　价　498.00 元
如有印装质量问题，由本社负责调换
质量监督电话　010 - 58572393
责任编辑电话　010 - 58572568